职业教育装配式建筑系列教材

装配式建筑识图

主　编　宋兴禹　龙建旭

副主编　张　巍　孙华锋

参　编　殷为民　侯　琴　鲁洪涛　项　栋

　　　　王　帅　张　丹　冯　峰

机 械 工 业 出 版 社

本书为校企双元合作开发的特色教材。本书主要分为5个章节，第1章简单介绍了装配式混凝土结构的概念、分类、构件组成以及装配式混凝土结构施工图的概述和要点；第2章详细介绍了装配式混凝土建筑结构的表示方法，预制构件图、预制构件连接节点图、结构平面布置图这三种常用图的概念，以及如何对PC构件进行编号和命名的；第3章重点讲述桁架钢筋叠合板、预制外墙板构件、预制内墙板构件、预制混凝土叠合式阳台板、预制钢筋混凝土板式楼梯、预制钢筋混凝土柱和预制钢筋混凝土叠合梁这几种常用PC构件如何识图，混凝土叠合板、预制剪力墙、预制梁、预制柱、预制板式楼梯以及墙柱构件"T"形连接这几种预制构件连接节点如何识图；第4章是装配式建筑拆分设计，包括装配式结构拆分设计和装配式剪力墙结构拆分实例；第5章对三好装配式混凝土结构识图软件的使用做了简要介绍。

本书可作为土建类专业职业院校相关课程教材，也可作为土建工程技术人员参考用书。

为方便教学，本书配有电子课件，凡使用本书作为教材的教师可登录机工教育服务网www.cmpedu.com注册下载。咨询电话：010-88379375。

图书在版编目（CIP）数据

装配式建筑识图/宋兴禹，龙建旭主编. —北京：机械工业出版社，2020.10（2024.1重印）
职业教育装配式建筑系列教材
ISBN 978-7-111-66508-3

Ⅰ．①装… Ⅱ．①宋…②龙… Ⅲ．①装配式构件—建筑制图—识图—职业教育—教材 Ⅳ．①TU3

中国版本图书馆CIP数据核字（2020）第171797号

机械工业出版社（北京市百万庄大街22号 邮政编码100037）
策划编辑：常金锋 责任编辑：常金锋 沈百琦
责任校对：刘雅娜 封面设计：鞠 杨
责任印制：单爱军
北京虎彩文化传播有限公司印刷
2024年1月第1版第4次印刷
210mm×285mm·5.75印张·147千字
标准书号：ISBN 978-7-111-66508-3
定价：35.00元

电话服务　　　　　　　　　　网络服务
客服电话：010-88361066　　机 工 官 网：www.cmpbook.com
　　　　　010-88379833　　机 工 官 博：weibo.com/cmp1952
　　　　　010-68326294　　金 书 网：www.golden-book.com
封底无防伪标均为盗版　　　机工教育服务网：www.cmpedu.com

　　装配式建筑是指用现场装配的方式建成的住宅和公共建筑，与传统建筑物的区别在于：装配式建筑通过工业化制造及加工，实现对传统建筑行业全产业链更新、改造、升级，是以技术为主导，通过整合建筑设计、构件生产和信息化数据平台等整个产业链，实现建筑全生命周期价值的最大化。

　　2017 年，住房和城乡建设部印发的《"十三五"装配式建筑行动方案》提出，到 2020 年，全国装配式建筑占新建建筑的比例达到 15% 以上，其中重点推进地区要达到 20% 以上。装配式建筑的规模在逐年扩大，但装配式建筑人才的培养速度却不能满足要求。为了适应新形势下土木工程专业教学和装配式建筑人才培养的要求，机械工业出版社联合西安三好软件技术股份有限公司、西安建筑科技大学、沈阳建筑大学、扬州大学、重庆文理学院、广东建设职业技术学院、日照职业技术学院、贵州交通职业技术学院等企业和院校，合作编写了本套装配式建筑系列教材，具体包括：《装配式建筑概论》《装配式建筑识图》《装配式建筑施工与管理》《装配式混凝土建筑施工技术实训教程》。本系列教材由常年在一线从事装配式建筑科研和实践的教师编写完成，编写人员的专业背景涉及建筑学、结构工程、建筑施工及工程管理，均具有丰富的教学经验。

　　本书基于西安三好软件技术股份有限公司研发的识图软件，该软件基于国家相关规范及图集，结合现场实物模型情况，研发了装配式建筑识图系统。该软件以培养学生具有装配式混凝土建筑识图能力为目标，采用三维虚拟仿真技术，融合二维图样和三维仿真模型，从简单构件入手到具体典型建筑识图，配套仿真装配、动画视频播放功能。每个教学环节的任务拓展均通过软件平台进行发布和实施，学生可以通过软件平台实现自主学习，教师也可以借助软件平台中的资源辅助课堂教学。本书二维码视频文件由西安三好软件技术股份有限公司提供并负责后期维护和更新。

　　本书由宋兴禹、龙建旭担任主编，张巍、孙华锋担任副主编。殷为民、侯琴、鲁洪涛、项栋、王帅、张丹、冯峰参与了本书编写。本书在编写过程中参考了国内外同类教材和相关资料，西安三好软件技术股份有限公司提供软件技术支持，并对本书提出很多建设性的宝贵意见，在此深表感谢。

　　由于时间和业务水平有限，书中难免存在不足之处，在此真诚地欢迎广大读者批评指正。

编　者

本书视频资源列表

章节	名称	二维码	页码
第1章	装配式混凝土剪力墙结构设计施工图纸		P1
	装配式建筑概述		P1
	装配式结构工程施工图概述		P2
	装配式建筑识图软件简介		P2
第2章	PC构件识图基础——图例及符号		P13
	PC构件识图基础——预制构件的编号及选用		P13
第3章	桁架钢筋混凝土叠合板识图		P19
	预制剪力墙外墙板识图		P22
	预制剪力墙内墙板识图		P26
	预制楼梯识图		P33

（续）

章节	名称	二维码	页码
第3章	预制叠合板与内墙连接节点		P42
	预制叠合板与外墙连接节点		P43
	预制单向叠合板接缝		P44
	预制双向叠合板接缝		P44
第4章	预制剪力墙平面布置图识图		P63
	预制桁架叠合板平面布置图识图		P63

（续）

目 录
CONTENTS

第 1 章

绪论

装配式混凝土剪力墙　　装配式建筑概述
结构设计施工图纸

1.1 装配式混凝土结构概述

1.1.1 装配式混凝土结构的概念

装配式混凝土结构是指预制混凝土构件通过可靠的连接方式装配而成的混凝土结构，包括装配整体式混凝土结构、全预制装配混凝土结构等，在建筑工程中，简称装配式建筑；在结构工程中，简称装配式结构。

装配式混凝土建筑是指以工厂化生产的钢筋混凝土预制构件为主，通过现场装配的方式设计建造的混凝土结构类房屋建筑。一般分为全装配建筑和部分装配建筑两大类，全装配建筑一般为低层或抗震设防要求较低的多层建筑；部分装配建筑的主要构件一般采用预制构件，在现场通过现浇混凝土连接，形成装配整体式结构的建筑物。此类建筑物的特点是：施工效率高、受气候条件制约小、节约材料、节能环保、质量易控制等。

1.1.2 装配式混凝土结构的分类

结合装配式预制混凝土结构现状来看，装配式混凝土结构可分为剪力墙结构、框架结构、框架—剪力墙结构等类型，在具体的工程结构中，可以根据建筑物高度、抗震等级、设防烈度、功能等要求来确定所需的结构类型。

1. 剪力墙结构

剪力墙结构是用钢筋混凝土墙板来代替框架结构中的梁柱，使其承担各类荷载引起的内力，并能有效控制结构的水平力。剪力墙结构刚度很大，空间整体性好，房间内无明梁、明柱，便于室内布置，方便使用。它是高层住宅采用最为广泛的一种结构形式。

这种结构的基本特征：主体结构剪力墙预制，楼板采用叠合楼板，楼梯、雨篷、阳台等围护结构预制而成。根据剪力墙预制形式不同可以分为整体预制和叠合预制两种形式。

2. 框架结构

装配式框架结构是按标准化设计，根据建筑和结构的特点将梁、柱、板、楼梯、阳台、外墙等构件拆分，在工厂进行标准化预制生产，在现场采用机械化安装和可靠的连接方式形成的框架结构建筑。

这种结构的基本特征：主体结构框架预制，楼板采用叠合楼板，楼梯、雨篷、阳台等围护结构预制而成，连接形式主要采用套筒灌浆形式。

3. 框架—剪力墙结构

框架—剪力墙结构也称框剪结构，这种结构是在框架结构中布置一定数量的剪力墙，构成灵活自由的使用空间，以便满足不同建筑功能的要求，同样又有足够的剪力墙，有相当大的侧向刚度。

装配式混凝土框架—剪力墙结构由装配整体式框架结构和现浇剪力墙两部分组成。这种结构形式中的框架部分采用与预制装配整体式框架结构相同的预制装配技术，使预制装配框架技术在高层及超高层建筑中得以应用。

1.1.3 装配式混凝土结构的构件组成

装配式混凝土结构构件主要包含：全预制柱、全预制梁、叠合梁、全预制剪力墙、单层叠合剪力墙、双层叠合剪力墙、外挂墙板、预制混凝土夹心保温外墙板、全预制空调板、全预制飘窗、全预制女儿墙、装饰柱、预制叠合保温外墙板、全预制楼板、叠合楼板、全预制阳台板、叠合阳台板等。

装配式结构工程
施工图概述

1.2 装配式混凝土结构施工图

1.2.1 装配式混凝土结构施工图概述

建筑物按功能可分为工业建筑和民用建筑。其中，民用建筑根据建筑物的使用功能又可分为居住建筑和公共建筑。居住建筑是指供人们生活起居使用的建筑物；公共建筑是指供人们进行各项社会活动使用的建筑物。

建筑工程施工图主要用来表示房屋的规划位置、外部造型、内部布置、内外装修、细部构造、固定设施及施工要求等。它包括施工图首页、建筑设计总说明、建筑工程做法说明、建筑工程防火设计专篇、建筑工程保温节能专篇、总平面图、平面图、立面图、剖面图和详图。

建筑工程的施工图是工程技术的"语言"，能够准确地表达建筑物的外形轮廓、尺寸大小、结构构造等。相比于传统的现浇混凝土结构施工图，装配式混凝土结构施工图增加了与装配化施工相关的各种图示与说明。

1.2.2 装配式建筑施工图设计要点

（1）建筑专业在平面布局、立面造型、楼梯、阳台、卫生间等布置时，应考虑模数和尺寸的统一；在选择内外墙材料时，应考虑装配式的特点。

（2）设计外围护结构时，尽可能实现建筑、结构、保温、装饰一体化。

（3）建筑构造设计和节点设计，应保证建筑防水防火要求，满足设备、管线、厨卫、装饰、门窗等专业或环节的要求，与深化设计对接。

（4）结构专业在结构平面布局、构件截面取值、节点连接方式、构件拆分方式的设计环节，应充分考虑装配式的影响，采用模数化设计。

（5）设备专业在施工图阶段应充分考虑管线、洞口的预埋和预留，避免后期修改对预制构件造成破坏。

1.3 装配式建筑识图实训软件简介

装配式建筑识图
软件简介

本书配套识图软件为三好装配式建筑识图系统教学实训软件，该软件的装配式识图系统分四部分：预制构件识图、预制构件连接节点识图、装配式建筑识图和装配式建筑案例识图，四部分按照从局部到整体的顺序，逐层递进。预制构件识图部分主要进行单个典型代表构件的识读学习；预制构件连接节点识图部分主要是单个典型代表连接节点构造的识读学习；结合单个构件和连接节点构造的识读学习进而进行装配式建筑整体的识读学习；装配式建筑案例识图部分是给出了两种典型的装配式建筑供综合实训练习。

（1）预制构件识图分 7 个典型构件，每个构件下都分配筋图和模板图两类。

配筋图中包括配筋平面图和钢筋表，模板图中包括四视图和预埋件表。在软件中，每一张图或者表都与模型可以联动，点击软件中的图例，模型中对应的部分就会高亮显示，点击模型中的标注，图或者表中对应的内容也会高亮显示，并且右侧会出现对应的语音解释和文字标注；可以单独对模型进行旋转、放大或缩小、拖动等操作，也可以点击模型复位回到模型初始状态，还可以单独对图纸或表等进行拖动、放大或缩小等操作。

（2）预制构件连接节点识图分 10 个连接节点，每个连接节点下都有一个二维图纸和三维模型。在软件中，可以用鼠标点击二维图纸中的标注和三维模型，右下角会出现对应的语音解释和文字标注；可以对模型进行单独的旋转、放大或缩小、拖动等操作，也可以点击模型复位回到模型初始状态，还可以单独对图纸或表格等进行拖动、放大或缩小等操作。

（3）装配式建筑识图包括两个构件组合体，每个构件组合体下分图纸和列表。在软件中，图纸和列表都可以和模型进行联动，同时有语音解释和文字标注。可单独对模型进行旋转、拖动、放大或缩小、模型拆分或模型合并等操作，也可以单独对图纸或表等进行拖动、放大或缩小等操作。

（4）装配式案例识图分两种装配式构件组合装配实训模块，在软件中，用户可以从构件列表中选择构件进行模型搭建，可查看模型三维视图和二维视图，有对应的动画视频，也可查看参考图纸等。

本章小结

本章主要介绍了装配式混凝土结构的分类、构件组成、结构施工图的主要内容以及相关配套软件信息。通过本章的学习可以加强学生对装配式结构的了解，为后续学习装配式预制构件施工图的识读作准备。

第 2 章

PC 构件识图基础

　　PC 构件是指预制混凝土（Precast Concrete）构件，是指在工厂中通过工业化方式加工生产的混凝土构件制品。

　　在装配式混凝土结构中，其现浇部分及基础施工图可参照《混凝土结构施工图平面整体表示方法制图规则和构造详图》（16G101）系列标准图集的相关规定进行识读，其中预制部分可以参照标准图集《装配式混凝土结构表示方法及示例（剪力墙结构）》（15G170-1）的相关要求识读。装配式混凝土结构施工图文件的编制宜按构件平面布置图（基础、剪力墙、梁、板、柱、楼梯等）、节点图、预制构件模板图及配筋图的顺序排列。

　　在绘制施工图时，可在结构平面布置图中直接标注各类预制构件的编号并列表注释预制构件的尺寸、重量、数量和选用方法等。

　　（1）预制构件编号中含有类型代号和序号，类型代号指明预制构件种类，序号用于将同类构件按顺序编号。

　　（2）当直接选用标准图集中的预制构件时，因配套图集中已按构件类型注明编号且配以详图，只需在构件表中明确平面布置图中构件编号与所选图集中构件编号的对应关系，使两者结合构成完整的结构设计图。

　　绘制装配式混凝土结构施工图时，标高注写应满足以下要求：

　　（1）用表格或其他方式注明包括地下和地上各层的结构层楼面标高、结构层高及相应的结构层号。

　　（2）结构层楼面标高和结构层高在单项工程中必须统一，为方便施工，应将统一的结构层楼面标高和结构层高分别放在墙、板等各类构件的施工图中。

　　为了确保施工人员准确无误地按结构施工图进行施工，在具体工程施工图中必须写明以下内容：

　　（1）注明所选用装配式混凝土结构表示方法的标准图的图集号。

　　（2）注明装配式混凝土结构的设计使用年限。

　　（3）注明各类预制构件和现浇构件在不同部位所选用的混凝土强度等级和钢筋级别，以确定相应预制构件预留钢筋的最小锚固长度和最小搭接长度等。当采用机械锚固形式时，设计者应指定机械锚固的具体形式，必要的构件尺寸以及质量要求。

　　（4）当标准构造详图有多种可选择的构造做法时，设计人员应写明在何部位选用何种构造做法。

　　（5）注明后浇段、纵筋、预制墙体分布筋等在具体工程中需接长时所采用的连接形式及有关要求。必要时，尚应注明对接头的性能要求。轴心受拉及小偏心受拉构件的纵向受力钢筋不得采用绑扎连接，设计人员应在结构平面图中注明其平面位置及层数。

　　（6）注明结构不同部位所处的环境类别。

　　（7）注明上部结构的嵌固位置。

　　（8）当具体工程中有特殊要求时，应在施工图中另加说明。

　　15G107-1 标准图集中关于预制构件制图的具体要求如图 2-1 所示。

2 预制混凝土剪力墙施工图制图规则

2.1 预制剪力墙平面布置图的表示方法

2.1.1 预制混凝土剪力墙（简称"预制剪力墙"）平面布置图应按标准层绘制，内容包括预制剪力墙、现浇混凝土墙体、后浇段、现浇混凝土墙身、水平后浇带或圈梁等。

2.1.2 剪力墙平面布置图应按本规则第1.0.7条的规定标注结构楼层标高表或图名，并注明上部结构嵌固部位置。

2.1.3 在平面布置图中，应标注未居中承重墙体与轴线的定位，在结构墙洞口的结构定位尺寸和定位，还需标明预制剪力墙的门窗洞口、结构洞口的平面定位尺寸或图名。

2.1.4 在平面布置图中，还应标注水平后浇带或圈梁的位置。

2.2 预制混凝土剪力墙编号规定

预制剪力墙编号由墙板代号、序号组成，表达形式应符合15G107-1图集 表2-1的规定，示例见15G107-1图集 表B-4页。

15G107-1图集 表2-1 预制混凝土剪力墙编号

预制墙板类型	代号	序号
预制剪力墙外墙	YWQ	××
预制剪力墙内墙	YNQ	××

注：1. 如在一栋预制剪力墙中，序号可为1。
【例】YWQ1：表示序号为1的预制剪力墙外墙。
【例】YNQ5a：某工程中有一块预制混凝土内墙板与已编号为YNQ5除线盒位置不同，其他参数均相同，为方便起见，将该预制内墙板序号编为5a。
2. 序号可为数字，或数字加字母。

2.3 列表注写方式

为表达清楚、简便，装配式剪力墙结构柱、现浇剪力墙、现浇剪力墙身、后浇段、现浇剪力墙柱和现浇剪力墙梁等构件可视为由现浇剪力墙结构构件组成。其中，现浇混凝土结构构件应符合11G101-1《混凝土结构施工图平面整体表示方法制图规则和构造详图（现浇混凝土框架、剪力墙、梁、板）》的规定。

对应于预制剪力墙平面布置图上的编号，在预制剪力墙表中，选用标准图集中的预制剪力墙型或自行设计的预制剪力墙，或引用某施工图自行设计的预制剪力墙平面布置图中，在后浇段配筋表中，绘制截面配筋图并注写几何尺寸与配筋具体数值。

2.4 在预制墙板表中表达的内容包括

1）注写各预制墙板编号，见本规则第2.2条。

2）注写预制墙板所在位置信息，包括所在轴号和所在楼层。所在轴号用第排所在轴线，再标注墙板所在轴线方向，二者用";"分隔，如图2-1所示。如果未同一轴线，同一起止区域内有多块墙板应顺序标注。

同时，需要在平面布置图中注明预制剪力墙的装配方向，外墙板以内侧为装配方向，不需特殊标注，内墙板用▲表示装配方向，如15G107-1图集 图2-1（b）所示。

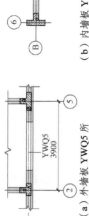

(a) 外墙板YWQ5所在轴号为②～⑤/Ⓐ

(b) 内墙板YNQ3所在轴号为⑥～⑦/Ⓑ装配方向如图所示

15G107-1图集 图2-1 所在轴号示意图

3）注写管线预埋位置信息，当选用标准图集时，高度方向只注写底区、中区和高区，水平方向均注写所在位置所在参数进行选择；当不可选用标准图集时，其所在位置所在装配方向为X、Y，装配方向在背面为X'、Y'，可用下角标标编号区分不同线盒，如15G107-1图集 图2-2所示。

15G107-1图集 图2-2 线盒参数含义示例

4）构件重量、构件数量。

5）选用标准图集时，当选用预制混凝土剪力墙外板时，可选表型详见15G365-1《预制混凝土剪力墙外墙板》，标准图集中的预制混凝土剪力墙外墙由外叶墙板、保温层和内叶墙板组成。预制墙板表中需注写标准图集所选预制墙板编号和所在位置所在参数尺寸；

1）标准图集页码，当选用标准图集时，需标注图集页码和相应页编号。
①标准图集页码，需标注图集图号和图集图纸号。
②带阴台板的外叶墙板 wy-1（a, b）或 c、c_R、d_c、d_R 或 a、b。
③选用标准图集中预制混凝土剪力墙外墙型的楼层，配筋不同，应由设计单列进行构件详图设计。

3）若设计的预制外墙板与标准图集中预制混凝土剪力墙外墙型的楼层，配筋不同，应由设计单列对外叶板实际情况标注 a、b、c、d_R；选用标准图集中预制混凝土剪力墙外板时，应由设计单独进行构件详图设计。预制外墙详图可参考15G365-1《预制混凝土剪力墙外墙板》。
4）当部分预制外墙选用15G365-1《预制混凝土剪力墙外墙板》时，另行设计的墙板应与该标准图集做法及要求相配套。

图2-1 规范要求

预制混凝土剪力墙施工图制图规则			图集号	15G107-1
审核	冯海悦	汤晓红		
校对			页	B-1
设计	赵扬	高志墨		

3　叠合楼盖施工图制图规则

该叠合楼盖的制图规则适用于以剪力墙、梁为支座的叠合楼（屋）面板施工图设计。

3.1.1　叠合楼盖施工图主要包括预制底板平面布置图、现浇层配筋图、水平后浇带或圈梁布置图。

3.1.2　所有叠合板块应逐一编号，相同编号的板块可选择其一做集中标注，其他仅注写位置；干圆圈内的板编号，当板面标高不同时，在板编号下标注标高高差，下降为负（-），叠合板代号与编号见15G107-1图集 表3-1的规定。

叠合板编号，由叠合板代号与序号组成，表达形式应符合15G107-1图集 表3-1的规定。

15G107-1图集　表3-1　叠合板编号

叠合板类型	代号	序号
叠合楼面板	DLB	××
叠合屋面板	DWB	××
叠合悬挑板	DXB	××

注：序号可用数字，或数字加字母。
[例] DLB3，表示叠合楼盖为叠合板，序号为3；
[例] DWB2，表示屋面板为叠合板，序号为2；
[例] DXB1，表示悬挑板为叠合板，序号为1。

3.2　叠合楼盖现浇层标注

叠合楼盖现浇层造详图（现浇混凝土层）的叠合楼盖平法施工图的表示方法与构造详图与11G101-1《混凝土结构施工图平面整体表示方法制图规则和构造详图（现浇混凝土框架、剪力墙、梁、板）》的"有梁楼盖平法施工图的表示方法"相同，同时应标注叠合板编号。

3.3　预制底板标注

预制底板平面布置图中需要标注叠合板编号、预制底板编号，各块预制底板尺寸、定位，当选用标准图底板时，可直接在板块上标注标准图集中的底板编号；当自行设计预制底板时，可参照标准图集底板的编号和编号方法进行编号。

预制底板为单向板时，可标注底板编号，还应标注板边调节缝和宽度、预制底板标高高差，下降为负（-），同时应给出预制底板编号及其设计详图（自行设计时）、构件。

预制底板为双向板时，预制底板编号及其在标准图中的底板详图页码见15G366-1《桁架钢筋混凝土叠合板（60mm厚底板）》，标准底板的预制底板编号见15G107-1图集 C-3页。

3.3.1　预制底板表中需要标明叠合板编号、板块内的预制底板编号、板块编号数量、构件重量和位置等。

3.3.2　当选用标准图集的预制底板编号时，可选类型详见15G366-1《桁架钢筋混凝土叠合板（60mm厚板）》，标准图集中预制底板编号规则见15G107-1图集 表3-2～表3-4所识图，叠合板平面识图示例见15G107-1图集 C-3页。

15G107-1图集　表3-2　标准图集中叠合底板编号

单向板：

DBD××-××××-××

编号
底板跨度方向钢筋代号：1～4
标志宽度（dm）
标志跨度（dm）
桁架钢筋混凝土叠合板用底板（单向板）
预制底板厚度（cm）
后浇叠合层厚度（cm）

注：单向板底板钢筋代号见15G107-1图集 表3-3、表3-5。

【例】底板编号DBD67-3324-2 表示为单向受向叠合板用底板，预制底板厚度为70mm，现浇叠合层厚度为60mm，底板标志跨度为2400mm，底板标志跨度方向配筋为Φ10@150，如15G107-1图集 C-3页所示。

双向板：

DBS×-××-××××-××

编号
底板跨度方向反向钢筋代号
拼接位置
标志宽度（dm）
标志跨度（dm）
桁架钢筋混凝土叠合板用底板（双向板）（1为边板，2为中板）
预制底板厚度（cm）
后浇叠合层厚度（cm）

注：双向板底板钢筋代号见15G107-1图集 表3-4、表3-6。

【例】底板编号DBS1-67-3924-22 表示双向受力叠合板用底板，后浇叠合层厚度为60mm，预制底板厚度为70mm，底板跨度方向的标志跨度为3900mm，预制底板的标志跨度为3300mm，预制底板的标志宽度为2400mm，宽度方向的标志宽度方向反向配筋均为Φ8@150，如15G107-1图集 C-3页所示。

15G107-1图集　表3-3　单向板底板跨度方向钢筋编号表

代号	1	2	3	4
受力钢筋规格及间距	Φ8@200	Φ8@150	Φ10@200	Φ10@150
分布钢筋规格及间距	Φ6@200	Φ6@200	Φ10@200	Φ6@200

15G107-1图集　表3-4　双向板底板跨度方向、宽度方向钢筋代号组合表

宽度方向钢筋＼跨度方向钢筋	Φ8@200	Φ8@150	Φ10@200	Φ10@150
Φ8@200	11	21	31	41
Φ8@150	—	22	32	42
Φ8@100	—	—	—	43

叠合楼盖施工图制图规则				图集号	15G107-1
审核	冯海悦	校对	江晓悦	页	C-1
高慧强		设计	赵鑫		

图2-1　规范要求（续）

15G107-1图集 表3-5 单向板底板宽度及跨度

宽度	标志宽度/mm	1200	1500	1800	2000	2400
	实际宽度/mm	1200	1500	1800	2000	2400
跨度	标志跨度/mm	2700	3000	3300	3600	3900	4200
	实际跨度/mm	2520	2820	3120	3420	3720	4020

15G107-1图集 表3-6 双向板底板宽度及跨度

宽度	标志宽度/mm	1200	1500	1800	2000	2400
	边板实际宽度/mm	960	1260	1560	1760	2160
	中板实际宽度/mm	900	1200	1500	1700	2100
跨度	标志跨度/mm	3000	3300	3600	3900	4200	4500
	实际跨度/mm	2820	3120	3420	3720	4020	4320
	标志跨度/mm	4800	5100	5400	5700	6000	—
	实际跨度/mm	4620	4920	5220	5520	5820	—

3.3.3 叠合楼盖预制板底板接缝编号需要在平面上标注其编号、尺寸、定位和位置，并需给出接缝的详图。接缝选用规则见 15G107-1 图集。

1) 当叠合楼盖预制底板接缝选用标准图集时，可在接缝选用详图表中写明节点选用图集号、页码、节点号和相关参数，如本图集 C-3 页中 "接缝表" 所示；

2) 当自行设计叠合楼盖预制底板接缝时，需由设计单位给出节点详图。

15G107-1图集 表3-7 叠合板底板接缝编号

名称	代号	序号
叠合板底板接缝	JF	××
叠合板底板密拼接缝	MF	—

【例】JF1，表示叠合板之间的接缝，序号为1。

3.3.4 若设计的预制板底板与标准图集中板型的模板、配筋不同，应由设计单位进行构件详图设计，预制底板详图可参考 15G366-1《桁架钢筋混凝土叠合板（60mm）厚底板》。

3.4 水平后浇带或圈梁标注

需在平面上标注水平后浇带或圈梁的分布位置。水平后浇带编号由代号和序号组成，表达形式应符合 15G107-1 图集 表 3-8 的规定。

15G107-1 图集 表3-8 水平后浇带编号

类型	代号	序号
水平后浇带	SHJD	××

【例】SHJD3，表示水平后浇带，序号为3。
水平后浇带表中的内容包括：平面中的编号，所在平面位置，所在楼层及配筋。

				叠合楼盖施工图制图规则		图集号	15G107-1
审核	冯海悦	校对	高志强	设计	赵扬	页	C-2

图 2-1 规范要求（续）

4 预制钢筋混凝土板式楼梯施工图制图规则

该预制钢筋混凝土板式楼梯(简称"预制楼梯")的制图规则适用于剪力墙结构中的预制楼梯施工图设计。

4.1 预制楼梯的表示方法

4.1.1 本图集制图规则为预制楼梯的表达方式,与楼梯相关的现浇混凝土平台板、楼梯梯柱的注写方式参见国家建筑标准设计图集11G101-1《混凝土结构施工图平面整体表示方法制图规则和构造详图(现浇混凝土框架、剪力墙、梁、板)》。

4.1.2 预制楼梯施工图包括预制楼梯的平面布置图、预制楼梯表等内容。

4.2 预制楼梯的编号

4.3 预制楼梯注写

4.3.1 选用标准图集中的预制楼梯时,在平面图上直接标注预制楼梯编号(如图4-1所示)。编号应符合15G107-1图集 表 4-1 预制楼梯编号规则(预制楼梯选用类型详见15G367-1《预制钢筋混凝土板式楼梯》)。

15G107-1图集 表 4-1 预制楼梯编号

预制楼梯类型	编号
双跑楼梯	ST-××-×× (层高(dm) — 楼梯间宽(dm) — 预制钢筋混凝土双跑楼梯)
剪刀楼梯	JT-××-××× (层高(dm) — 楼梯间净宽(dm) — 预制钢筋混凝土剪刀楼梯)

注:
【例】ST-28-25,表示预制钢筋混凝土板式楼梯为双跑楼梯,层高为2800mm,楼梯间净宽为2500mm。
【例】JT-29-26,表示预制钢筋混凝土板式楼梯为剪力楼梯,层高为2900mm,楼梯间净宽为2600mm。
【例】JT-28-26改,表示工程标准层层高为2800,楼梯间净宽为2600,其设计构件尺寸与JT-28-26一致,仅配筋有区别。

4.3.2 如果设计的预制楼梯与标准图集中预制楼梯尺寸、配筋不同,应由设计单位自行设计,预制楼梯详图可参考15G367-1《预制钢筋混凝土板式楼梯》绘制。自行设计单位自行设计楼梯的编号可参照标准预制钢筋混凝土板式楼梯的编号原则,也可自行编号。

4.4 预制楼梯平面布置图标注和剖面图标注的内容

4.4.1 预制楼梯平面布置图注写内容包括楼梯间的平面尺寸、楼层结构标高、楼梯的上下方向、预制楼梯的平面几何尺寸、梯板类型及编号、定位尺寸和连接作法索引号等,如图4-1所示。
预制楼梯中还需要标注防火隔墙。

4.4.2 预制楼梯剖面图注写内容和剖面图注写的内容,包括预制楼梯编号、梯梁梯柱编号、预制楼梯水平及竖向尺寸、楼层结构标高、层间结构标高、建筑楼面做法厚度等,如15G107-1图集 图 4-1所示。

4.5 构件详图页图号:选用标准图集的楼梯注写楼梯具体图集号和相应页码,自行设计时需注写施工图页码。

预制楼梯表的主要内容包括:

1)构件编号。
2)所在层号。
3)构件重量。
4)构件数量。
5)构件详图页图号。
6)连接索引:标准构件注写具体图集号、页码和节点号;自行设计时需注写施工图页码和节点号。
7)备注中可标明该预制楼梯构件是"标准构件"或"自行设计"。

注写施工图时。

4.6 预制楼梯表示例

预制隔墙板编号

4.6.1 预制隔墙板编号由预制隔墙板代号、序号组成,表达形式应符合15G107-1图集 表 4-2 的规定。

15G107-1图集 表 4-2 预制隔墙板编号

预制墙板类型	代号	序号
预制隔墙板	GQ	××

【例】GQ3:表示预制隔墙,序号为3。

注:在编号中,如果只有不同预制隔墙板的模板、配筋,各类墙厚与轴线的关系不同,也可将其编号为同一。预制隔墙板编号时,但应在图中注明与轴线的几何关系。

预制钢筋混凝土板式楼梯施工图制图规则			图号	15G107-1
审核	高志墨	校对 冯海悦 设计 冯海悦 制图	页	D-1

图 2-1 规范要求(续)

5 预制钢筋混凝土阳台板、空调板及女儿墙施工图制图规则

预制钢筋混凝土阳台板、空调板及女儿墙（简称"预制阳台板、预制空调板及预制混凝土女儿墙"）的制图规则及女儿墙的施工图设计。

5.1 预制阳台板、空调板及女儿墙的表示方法

5.1.1 预制阳台板、空调板及女儿墙施工图适用于装配式剪力墙式女儿墙的施工图设计。

5.1.2 叠合式预制阳台板现浇混凝土结构层注写方法与11G101-1《混凝土结构施工图平面整体表示方法制图规则和构造详图（现浇混凝土框架、剪力墙、梁、板）》的"有梁楼盖平法施工图的表示方法"相同。同时应标注叠合楼盖编号。

平面布置图中需要标注预制构件的编号、定位尺寸及连接做法。

5.2 预制阳台板、空调板及女儿墙的编号

1）预制阳台板、空调板及女儿墙编号应由构件代号、序号组成。编号规则应符合图5-1～图5-3。

表5-1。选用如15G107-1图集 图5-1～图5-3。

15G107-1图集 表5-1 预制阳台板、空调板及女儿墙编号

预制构件类型	代号	序号
阳台板	YYTB	××
空调板	YKTB	××
女儿墙	YNEQ	××

注：1. 在女儿墙编号中，如若干女儿墙的厚度尺寸和墙身的几何关系均相同，仅墙身与轴线的关系不同时，仍可将其编号为同一墙身号，但应在图中注明其几何关系不同，序号可为数字，或数字加字母。

【例】YKTB2，表示预制空调板，序号为2。
【例】YYTB3a，表示预制阳台板，其中有一块预制阳台板已编号与该预制阳台板的YYTB3除阳口位置外，其他参数均相同，为方便起见，将该预制阳台板编号为3a。
【例】YNEQ5，表示预制女儿墙，序号为5。

2）注写预制阳台板、空调板及女儿墙编号时，编号规则见15G368-1《预制钢筋混凝土阳台板、空调板及女儿墙》。

3）如果设计的预制阳台板、空调板及女儿墙与标准构件的尺寸、配筋不同，应由设计单位另行设计。

15G107-1图集 表5-2 标准图集中预制阳台板编号

预制构件类型	编号
阳台板	YTB-××-××-×× 预制阳台挑出长度（dm）／预制阳台板宽度（dm）／预制阳台板封边高度（仅用于板式阳台）：04、08、12 ／ 预制阳台板类型：D、B、L 注：1. 预制阳台板类型：D表示叠合板式阳台，B表示全预制板式阳台，L表示全预制梁式阳台； 2. 预制阳台板封边高度：04表示400mm，08表示800mm，12表示1200mm； 3. 预制阳台板挑出长度从结构承重墙外表面算起。 【例】某住宅楼封闭式预制叠合板式阳台阳台开间为1000mm阳台挑出长度为1000mm，封边高度800mm，则预制阳台板编号为YTB-D-1024-08。
空调板	KTB-××-××× 预制空调板宽度（cm）／预制空调板挑出长度（cm）／预制空调板 注：预制空调板挑出长度从结构承重墙外表面算起。 【例】某住宅楼预制空调板实际长度为840mm，宽度为1300mm，则预制空调板编号为KTB-84-130。
女儿墙	NEQ-××-×××× 预制女儿墙高度（dm）／预制女儿墙长度（dm）／预制女儿墙类型：J1、J2、Q1、Q2 注：1. 预制女儿墙类型：J1型代表夹心保温式女儿墙（直板）；J2型代表夹心保温女儿墙（转角板）；Q1型代表非保温式女儿墙（直板）；Q2型代表非保温女儿墙（转角板） 2. 预制女儿墙高度从屋顶结构层标高算起，600mm高表示为06，1400mm高表示为14。 【例】某住宅楼预制女儿墙采用夹心保温式女儿墙，其高度为1400mm，长度为3600mm，则预制女儿墙编号为NEQ-J1-3614。

	预制钢筋混凝土阳台板、空调板及女儿墙 施工图制图规则	图集号	15G107-1
审核 高志强 高志强	校对 冯清悦 冯清悦	设计 赵杨 赵杨	页 E-1

图2-1 规范要求（续）

2.1　装配式混凝土建筑结构表示方法

装配式混凝土建筑结构施工图采用平面注写方式，平面注写方式包括集中标注和原位标注。

2.1.1　装配式梁的表示方法

集中标注表达梁的通用数值，原位标注表示梁的特殊数值。当集中标注中的某项数值不适用于梁的某部位时，则将该项数值进行原位标注。

梁的集中标注：梁集中标注的内容中，有五项必注值及一项选注值（集中标注可以从梁的任意一跨引出）。

（1）必注值：梁编号、梁截面尺寸、梁箍筋、梁上部通长筋或架立筋配置、梁侧面纵向构造钢筋或受扭钢筋配置。

（2）选注值：梁顶面标高高差。

1. 梁截面尺寸

当梁为等截面梁时，用 $b \times h$ 表示；当梁为加腋梁时，用 $b \times h\ Yc_1 \times c_2$ 表示，其中 c_1 为腋长，c_2 为腋高，如图 2-2 所示。

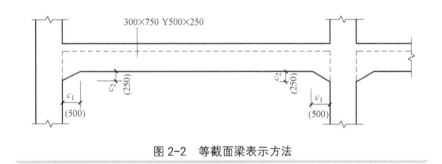

图 2-2　等截面梁表示方法

当有悬挑梁且根部和端部的高度不同时，用斜线分隔根部与端部的高度值，即 $b \times h_1/h_2$，如图 2-3 所示。

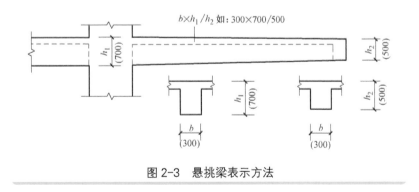

图 2-3　悬挑梁表示方法

2. 梁上部通长筋或架立筋配置

梁上部钢筋所注规格与根数应根据结构受力要求及箍筋肢数等构造要求而定。当同排纵筋中既有通长筋又有架立筋时，通长筋和架立筋之间使用"+"。标注时须将角部纵筋写在加号的前面，架立筋写在加号后面的括号内，以示不同直径及与通长筋的区别。当全部采用架立筋时，则将其写入括号内。

2.1.2 柱平法施工图的表示方法

柱平法施工图系在柱平面布置图上采用列表注写方式或截面注写方式表达。

在柱平法施工图中，应按规定注明各结构层的楼面标高、结构层高及相应的结构层号。

1. 列表注写方式

列表注写方式指在柱平面布置图上（一般只需采用适当比例绘制一张柱平面布置图，包括框架柱、框支柱、梁上柱和剪力墙上柱），分别在同一编号的柱中选择一个（有时需要选择几个）截面标注几何参数代号；在柱表中注写柱号、柱段起止标高、几何尺寸（含柱截面对轴线的偏心情况）与配筋的具体数值，并配以各种柱截面形状及其箍筋类型，来表达柱平法施工图。

2. 柱截面尺寸

对于矩形柱，注写柱截面尺寸 $b \times h$ 及表示与轴线关系的几何参数代号 b_1、b_2 和 h_1、h_2 的具体数值，并且须对应于各段柱分别注写，如图 2-4 所示。其中 $b = b_1 + b_2$，$h = h_1 + h_2$。当截面的某一边收缩变化至与轴线重合或偏到轴线的另一侧时，b_1、b_2、h_1、h_2 中的某项为零或为负值。

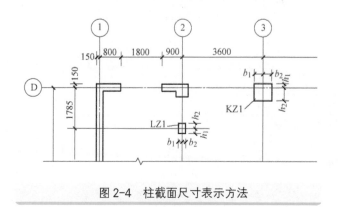

图 2-4 柱截面尺寸表示方法

3. 截面注写方式

截面注写方式是在分标准层绘制的柱平面布置图的柱截面上，分别在同一编号的柱中选择一个截面，以直接注写截面尺寸和配筋具体数值的方式来表达柱平法施工图。

对除芯柱之外的所有柱截面按前述规定进行编号，从相同编号的柱中选择一个截面，按另一种比例原位放大绘制柱截面配筋图，并在各配筋图上的编号后再注写截面尺寸 $b \times h$、角筋或全部纵筋（当纵筋采用一种直径且能够图示清楚时）、箍筋的具体数值，以及在柱截面配筋图上标注柱截面与轴线关系 b_1、b_2、h_1、h_2 的具体数值。

当纵筋采用两种直径时，须再注写截面各边中部筋的具体数值（采用对称配筋时，对称边省略不注）。

2.2 几种常用图的概念

2.2.1 预制构件图

预制构件图主要包括模板图和配筋图两部分，在预制构件图中，这两个部分都很重要。

预制构件详图包括预制外墙板模板图和配筋图、预制内墙板模板图和配筋图、叠合板模板图和配筋图、阳台板模板图和配筋图、预制楼梯模板图和配筋图等。

1. 模板图

一般在构建比较复杂以及有预埋件的地方会出现模板图，它是支模板的依据。模板图通过正视、俯视和仰视三个视图，确定构件外轮廓尺寸以及构件的大小、规格、位置、形状等情况。

2. 配筋图

在预制构件图中都对应有配筋图，配筋图包括配筋平面图和钢筋表两部分。

（1）配筋平面图包括立面图、断面图两部分，用最简洁明了的方式将钢筋在施工图中的位置、数量、形状表示出来。

（2）钢筋表：通过钢筋表中显少的数据，可以看到整个施工过程中的钢筋名称，钢筋简图，钢筋规格、数量、质量等全部属性，对钢筋识图起至关重要的作用。

2.2.2　预制构件连接节点图

由于在装配式结构中，连接节点数量多并且较为复杂，同时节点的构造措施及制作安装的质量对结构的整体抗震性能影响较大，因此对预制构件的连接节点进行设计是整个装配式结构设计中至关重要的一个环节。

预制构件连接节点详图包括预制墙竖向接缝构造、预制墙水平接缝构造、连梁及楼（屋）面梁与预制墙的连接构造、叠合板连接构造、叠合梁连接构造和预制楼梯连接构造等。

2.2.3　结构平面布置图

结构平面布置图是建筑物布置方案的一种简明图解形式，用以表示建筑物、构筑物、设施、设备等的相对平面位置。绘制平面布置图常用的方法是平面模型布置法。例如工业厂房，根据所布置的对象范围，平面布置图可分为工厂总平面布置图、厂房平面布置图、车间平面布置图、设备平面布置图以及地下网络平面布置图等。

结构平面布置图包括剪力墙平面布置图、屋面层女儿墙平面布置图、板结构平面布置图等。

2.3　构件图中的编号及符号

PC 构件识图基础——图例及符号

PC 构件识图基础——预制构件的编号及选用

1. 标准图集中外墙板编号和示例

标准图集的预制混凝土剪力墙外墙是由内叶墙板、保温层和外叶墙板组成的，具体可参考图集《预制混凝土剪力墙外墙板》（15G365-1）的相关要求，外墙板编号及示例见表 2-1、表 2-2。

表 2-1 标准图集中外墙板编号

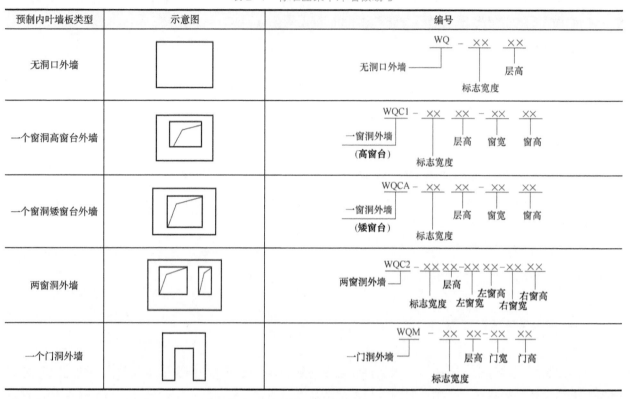

表 2-2 标准图集中外墙板编号示例

预制墙板类型	编号	标志宽度/mm	层高/mm	门(窗)宽/mm	门(窗)高/mm	门(窗)宽/mm	门(窗)高/mm
无洞口外墙	WQ-2428	2400	2800	—	—	—	—
一个窗洞高窗台外墙	WQC1-3028-1514	3000	2800	1500	1400	—	—
一个窗洞矮窗台外墙	WQCA-2029-1517	2000	2900	1500	1700	—	—
两窗洞外墙	WQC2-4830-0615-1515	4800	3000	600	1500	1500	1500
一个门洞外墙	WQM-3628-1823	3600	2800	1800	2300		

注：1. 无洞口外墙：WQ-××××。WQ表示无洞口外墙板；四个数字中的前两个数字表示墙板标志宽度（按分米计），后两个数字表示墙板的适用层高（按分米计）。

　　2. 一个窗洞高窗台外墙：WQC1-××××-××××。WQC1表示一个窗洞高窗台外墙板，窗台高度900mm（从楼层建筑标高到窗台的高度）；第一组四个数字，前两个数字表示墙板标志宽度（按分米计），后两个数字表示墙板适用层高（按分米计）；第二组四个数字，前两个数字表示窗洞口宽度（按分米计），后两个数字表示窗洞口高度（按分米计）。

　　3. 一个窗洞矮窗台外墙：WQCA-××××-××××。WQCA表示一个窗洞矮窗台外墙板，窗台高度600mm（从楼层建筑标高到阳台的高度）；第一组四个数字，前两个数字表示墙板标志宽度（按分米计），后两个数字表示墙板适用层高（按分米计），第二组四个数字，前两个数字表示窗洞口宽度（按分米计），后两个数字表示窗洞口高度（按分米计）。

　　4. 两窗洞外墙：WQC2-××××-××××-××××。WQC2表示两个窗洞外墙板，窗台高度900mm（从楼层建筑标高到阳台的高度）；第一组四个数字，前两个数字表示墙板标志宽度（按分米计），后两个数字表示墙板适用层高（按分米计）；第二组四个数字，前两个数字表示左侧窗洞口宽度（按分米计），后两个数字表示左侧窗洞口高度（按分米计）；第三组四个数字，前两个数字表示右侧窗洞口宽度（按分米计），后两个数字表示右侧窗洞口高度（按分米计）。

　　5. 一个门洞外墙：WQM-××××-××××。WQM表示一个门洞外墙板；第一组四个数字，前两个数字表示墙板标志宽度（按分米计），后两个数字表示墙板适用层高（按分米计）；第二组四个数字，前两个数字表示门洞口宽度（按分米计），后两个数字表示门洞口高度（按分米计）。

2. 标准图集中内墙板编号和示例

　　标准图集中的预制内墙板共有4种类型，分别为：无洞口内墙、固定门垛内墙、中间门洞内墙和刀把内墙。预制内墙板编号示意图和示例具体可以参考图集《预制混凝土剪力墙内墙板》（15G365-2），内墙板编号及示例见表2-3、表2-4。

表 2-3　标准图集中内墙板编号

预制内墙板类型	示意图	编号
无洞口内墙		NQ - XX XX 无洞口内墙 ─ 标志宽度 层高
固定门垛内墙		NQM1 - XX XX - XX XX 一门洞内墙（固定门梁）─ 标志宽度 层高 门宽 门高
中间门洞内墙		NQM2 - XX XX - XX XX 一门洞内墙（中间门洞）─ 标志宽度 层高 门宽 门高
刀把内墙		NQM3 - XX XX - XX XX 一门洞内墙（刀把内墙）─ 标志宽度 层高 门宽 门高

表 2-4　标准图集中内墙板编号示例

预制墙板类型	示意图	编号	标志宽度 /mm	层高 /mm	门（窗）宽 /mm	门（窗）高 /mm
无洞口内墙		NQ-2128	2100	2800	/	/
固定门垛内墙		NQM1-3028-0921	3000	2800	900	2100
中间门洞内墙		NQM2-3029-1022	3000	2900	1000	2200
刀把内墙		NQM3-3329-1022	3300	2900	1000	2200

注：1. 无洞口内墙：NQ-××××。NQ 表示无洞口内墙板；四个数字中前两个数字表示墙板标志高度（按分米计），后两个数字表示墙板适用层高（按分米计）。

2. 固定门垛内墙：NQM1-××××-××××。NQM1 表示固定门垛内墙板，门洞位于墙板一侧，有固定宽度 450mm 门垛（指墙板上的门垛宽度，不含后浇混凝土部分）；第一组四个数字，前两个数字表示墙板标志宽度（按分米计），后两个数字表示墙板适用层高（按分米计）；第二组四个数字，前两个数字表示门洞口宽度（按分米计），后两个数字表示门洞口高度（按分米计）。

3. 中间门洞内墙：NQM2-××××-××××。NQM2 表示中间门洞内墙板，门洞位于墙板中间；第一组四个数字，前两个数字表示墙板标志宽度（按分米计），后两个数字表示墙板适用层高（按分米计）；第二组四个数字，前两个数字表示门洞口宽度（按分米计），后两个数字表示门洞口高度（按分米计）。

4. 刀把内墙：NQM3-××××-××××。NQM3 表示刀把内墙板，门洞位于墙板侧边，无门垛，墙板似刀把形状；第一组四个数字，前两个数字表示墙板标志宽度（按分米计），后两个数字表示墙板适用层高（按分米计）；第二组四个数字，前两个数字表示门洞口宽度（按分米计），后两个数字表示门洞口高度（按分米计）。

3. 标准图集中预制剪力墙编号

预制剪力墙编号是由墙板代号、序号组成，具体的编号形式见表2-5。

表2-5 预制剪力墙编号

预制墙板类型	代号	序号
预制外墙	YWQ	××
预制内墙	YNQ	××

4. 标准图集中预制混凝土叠合梁编号

预制混凝土叠合梁编号由代号、序号组成，具体的编号形式见表2-6。

表2-6 预制混凝土叠合梁编号

名称	代号	序号
预制叠合梁	DL	××
预制叠合连梁	DL1	××

注：DL1 表示预制叠合梁，编号为1。

5. 标准图集中预制外墙模板编号

预制外墙节点处设置连接模板时，可以选择预制外墙模板。具体的编号形式见表2-7。

表2-7 预制外墙模板编号

名称	代号	序号
预制外墙模板	JM	××

6. 标准图集中叠合板编号

叠合板编号形式见表2-8。

表2-8 叠合板编号

叠合板类型	代号	序号
叠合楼面板	DLB	××
叠合屋面板	DWB	××
叠合悬挑板	DXB	××

注：1. DLB3：表示楼面板为叠合板，编号为3。
  2. DWB2：表示屋面板为叠合板，编号为2。
  3. DXB1：表示悬挑板为叠合板，编号为1。

7. 标准图集中预制阳台板、空调板和女儿墙的编号

预制阳台板、空调板和女儿墙的编号由构件代号、序号组成，具体编号形式见表2-9。

表 2-9　预制阳台板、空调板和女儿墙的编号

预制构件类型	代号	序号
阳台板	YYTB	××
空调板	YKTB	××
女儿墙	YNEQ	××

注：在女儿墙的编号中，假如所有女儿墙的厚度尺寸和配筋均相同，当墙厚与轴线关系不同时，可将其编为同一墙身号，但应在图中注明与
　　轴线的位置关系。序号可为数字或数字加字母。

本章小结

　　装配式构件识图基础包括一些基本的识图方法，预制构件图、节点详图、结构平面布置图的概念，
构件图中常用的编号和符号。通过本章学习，让读者了解装配式结构施工图中平面注写方式中常见的集
中注写法和原位注写法。对几种常用图有了更深刻的认识。

第3章

常用 PC 构件识图

3.1 识读常用 PC 构件详图

桁架钢筋混凝土叠合板识图

3.1.1 识读桁架钢筋叠合板详图

标准图集《桁架钢筋混凝土叠合板（60mm 厚底板）》（15G366-1）中的典型叠合板底板共有两种类型，分别为单向板底板和双向板底板，其中双向板底板根据其拼装位置的不同又分为双向板底板边板和双向板底板中板。

15G366-1 图集中的叠合板底板厚度均为 60mm，后浇混凝土叠合层厚度为 70mm、80mm、90mm 三种。底板混凝土等级为 C30。底板钢筋及钢筋桁架的上弦、下弦钢筋采用 HRB400 级钢筋，钢筋桁架的腹杆钢筋采用 HPB300 级钢筋。

15G366-1 图集中的叠合板底板适用于环境类别为一类的住宅建筑楼屋面叠合板用的底板（不包含阳台、厨房和卫生间）。底板钢筋外伸适用于剪力墙墙厚为 200mm 的情况，其他墙厚及结构形式可参考使用。

1. 叠合板识读要求

识读给出的叠合板底板模板图和配筋图，明确各组成部分的基本尺寸和配筋情况，如图 3-1 所示。

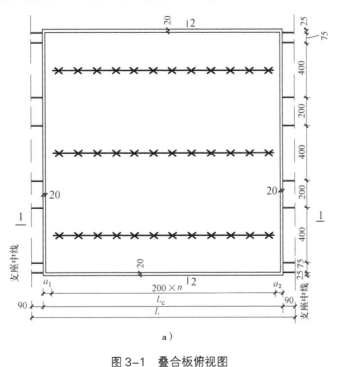

图 3-1 叠合板俯视图

a）主视图

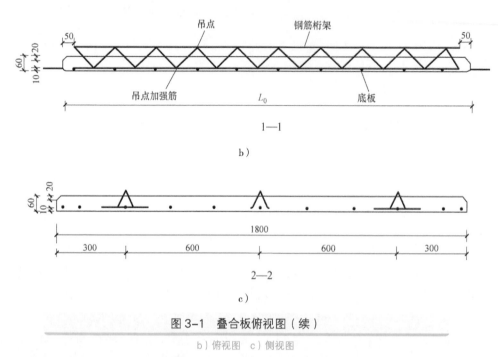

图 3-1　叠合板俯视图（续）

b）俯视图　c）侧视图

2. 叠合板的基本构造

（1）叠合板单向板底板，预制板混凝土面宽度 1800mm，预制板混凝土面长度 2520mm。预制板两个宽度方向侧边及顶面均设置粗糙面，预制板底面为模板面。预制混凝土层厚度为 60mm。

（2）单向叠合板的长度方向的中间 1 号横向水平分布筋分布间距为 200mm，n 为 1 号横向水平分布钢筋根数，n 是根据叠合板跨度取值。

（3）单向叠合板的钢筋桁架由 1 根上弦钢筋，2 根下弦钢筋及两侧腹杆钢筋组成。

（4）单向叠合板的下面板倒直角，距离为 10mm。

（5）沿长度方向布置两道桁架钢筋，桁架中心线距离板边 300mm，桁架中心线间距 600mm。桁架钢筋端部距离板边 50mm。

（6）预制板板筋为网片状，宽度方向水平筋在下，长度方向水平筋在上。桁架下弦钢筋与长度方向水平筋同层。

（7）宽度方向板筋距板边 60mm 开始布置，间距为 200mm，沿宽度方向通长，不外伸。距板边 25mm 处布置宽度方向端部板筋，沿宽度方向通长，不外伸，每端布置 1 道。

（8）长度方向板筋以桁架钢筋为基准，间距 200mm 布置，在桁架钢筋位置处不重复布置，在桁架钢筋之间布置 2 道，两道桁架钢筋外侧 200mm 各布置 1 道。板边 25mm 处布置长度方向端部板筋。长度方向板筋在两侧支座处均外伸 90mm。

（9）单向叠合板的长度方向桁架钢筋端部距板边距离为 50mm。

（10）单向叠合板的上面板边倒直角，距离为 20mm。

（11）单向叠合板的下面板边倒直角，距离为 10mm。

（12）单向叠合板的厚度为 60mm。

（13）起吊时吊点位置，叠合板有 4 处吊点，应设置在离如图 3-1b 所示位置最近的桁架上弦节点处。

3. 配筋情况

（1）1 号钢筋，是规格为 ⊈6 的横向水平分布筋，位于 2 号钢筋下层。

（2）2 号钢筋，是规格为 ⊈8 或 ⊈10 的纵向水平受力筋，位于 2 号钢筋上层；当现浇叠合层厚度为 90mm 时，2 号钢筋仅有 ⊈10 钢筋一种规格。

（3）3 号钢筋，是规格为 ⊈6 的边缘构造加强筋，位于 2 号钢筋下层，与 1 号钢筋同层。

配筋图和配筋表见图 3-2、表 3-1。

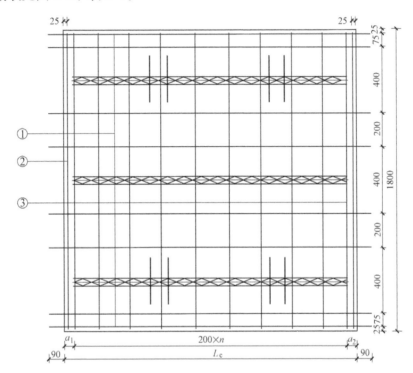

图 3-2　配筋图

表 3-1　配筋表

底板编号（×代表 7、8、9）	①			②			③		
	规格	加工尺寸 /mm	根数	规格	加工尺寸 /mm	根数	规格	加工尺寸 /mm	根数
DBD6×-2718-1	⊈6	1770	13	⊈8	2700	8	⊈6	1770	2
DBD6×-2718-3				⊈10					
DBD6×-3018-1	⊈6	1770	14	⊈8	3000	8	⊈6	1770	2
DBD6×-3018-3				⊈10					
DBD6×-3318-1	⊈6	1770	16	⊈8	3300	8	⊈6	1770	2
DBD6×-3318-3				⊈10					
DBD6×-3618-1	⊈6	1770	17	⊈8	3600	8	⊈6	1770	2
DBD6×-3618-3				⊈10					
DBD6×-3918-1	⊈6	1770	19	⊈8	3900	8	⊈6	1770	2
DBD6×-3918-3				⊈10					
DBD6×-4218-1	⊈6	1770	20	⊈8	4200	8	⊈6	1770	2
DBD6×-4218-3				⊈10					

3.1.2　识读预制外墙板构件详图（一个窗洞外墙板）

预制剪力墙外墙板识图

标准图集《预制混凝土剪力墙外墙板》（15G365-1）中的预制外墙板共有 5 种类型，分别是：无洞口外墙、一个窗洞高窗台外墙、一个窗洞矮窗台外墙、两窗洞外墙和一个门洞外墙。各类预制外墙板均为非组合式承重预制混凝土夹心保温外墙板（简称预制外墙板），由内叶墙板、保温层和外叶墙板组成，外叶墙板作为荷载通过拉结件与承重内叶墙板相连。上下层预制外墙板的竖向钢筋采用套筒灌浆连接，相邻预制外墙板之间的水平钢筋采用整体式接缝连接。

15G365-1 图集中的预制外墙板层高分为 2.8m、2.9m 和 3.0m 三种，门窗洞口宽度尺寸采用的模数均为 3M。承重内叶墙板厚度为 200mm，外叶墙板 60mm，中间夹心保温层厚度为 30～100mm。

预制外墙板的混凝土强度等级不应低于 C30，外叶墙板中钢筋采用冷轧带肋钢筋，其他钢筋均采用 HRB400 级钢筋。钢材采用 Q235-B 级钢材。预制外墙板中保温材料采用挤塑聚苯板（XPS），窗下墙轻质填充材料采用模塑聚苯板（EPS）。构件中门窗安装固定预埋件采用防腐木砖。外墙板密封材料等应满足国家现行有关规范的要求。

预制外墙板外叶墙板按环境类别二 a 类设计，最外层钢筋保护层厚度按 20mm 设计，内叶墙板按环境类别一类设计。配筋图中已标明钢筋定位，如有调整，钢筋最小保护层厚度不应小于 15mm。

预制外墙板与后浇混凝土的结合面按粗糙面设计，粗糙面的凹凸深度不应小于 6mm。预制墙板侧面也可设置键槽。预制外墙板与后浇混凝土相连的部位，在内叶墙板预留凹槽 30mm×5mm，既是保障预制混凝土与后浇混凝土接缝处外观平整度的措施，同时也能防止后浇混凝土漏浆。实际生产中应按外叶墙板编号进行调整。

需要注意的是，图集中的预制外墙板详图未表示拉结件，也未设置后浇混凝土模板固定所需预埋件，需要根据具体图纸要求进行设置。预制外墙板吊点在构件重心两侧（宽度和厚度两个方向）对称布置。

1.　一个窗洞外墙板识读要求

识读给出的一个窗洞外墙模板图和配筋图，如图 3-3 和图 3-4 所示，明确外墙板各组成部分的基本尺寸和配筋情况。以如图 3-3 所示的外墙板为例，内叶墙板、保温板和外叶墙板的相对位置如图中所示。

2.　从模板图中可以读到如下信息

（1）基本尺寸：内叶墙板宽 2700mm（不含外伸）、高 2640mm（不含外伸）、厚 200mm。外叶墙板宽 3300mm、高 2800mm、厚 60mm。窗洞口宽 1200mm、高 1400mm，宽度方向居中布置，窗台与内叶墙板底间距 930mm，建筑面层为 100mm 时间距为 980mm。

（2）预埋灌浆套筒：墙板底部预埋灌浆套筒 14 个。窗洞口两侧的边缘构件竖向筋底部，每侧布置 6 个，一共 12 个灌浆套筒。窗洞边缘构件外侧墙身竖向筋底部 2 个灌浆套筒，每侧布置 1 个。套筒灌浆孔和出浆孔均设置在墙板内侧面上（设置墙板临时斜支撑的一侧，下同）。同一个套筒的灌浆孔和出浆孔竖向布置，出浆孔在上，灌浆孔在下。灌浆孔和出浆孔各自都处在同一水平高度上，灌浆孔间或出浆孔间的水平间距不均匀。

（3）预埋吊件：墙板顶部有 2 个预埋吊件，编号为 MJ1。

（4）预埋螺母：墙板内侧面有 4 个临时支撑预埋螺母，编号为 MJ2。矩形布置，距离内叶墙板左右两侧边均为 300mm，下部螺母距内叶墙板下边缘 550mm，上部螺母与下部螺母间距为 1390mm。

（5）预埋电气线盒：窗洞两侧各有 2 个预埋电气线盒，窗洞下部有 1 个预埋电气线盒，共计 5 个。线盒中心位置与墙板外边缘间距可根据工程实际情况选取。

（6）窗下填充聚苯板：窗台下设置 2 块 B-45 型聚苯板轻质填充块，距离洞边 100mm 布置。两聚苯板间距为 100mm，顶部与窗台间距为 100mm。

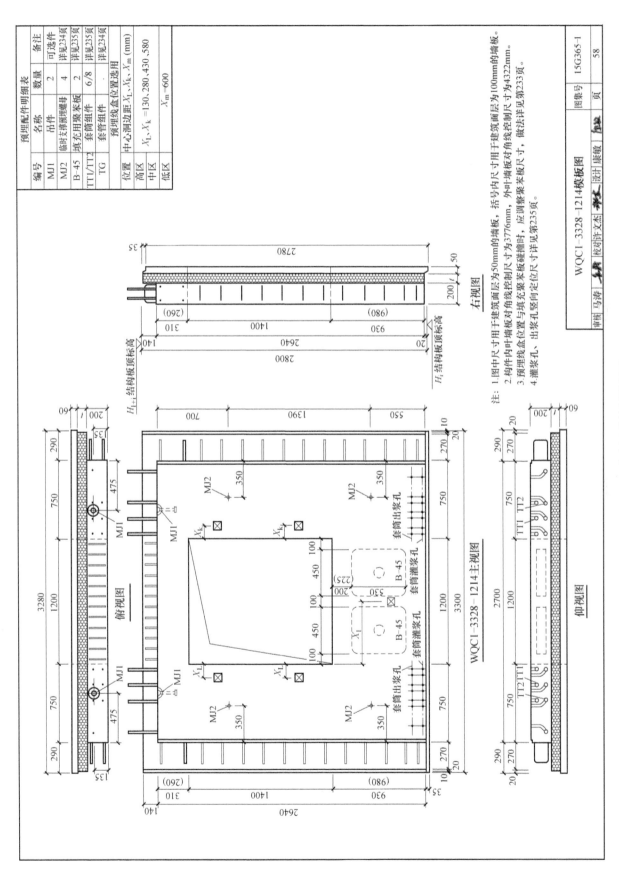

图 3-3 一个窗洞外墙模板板图

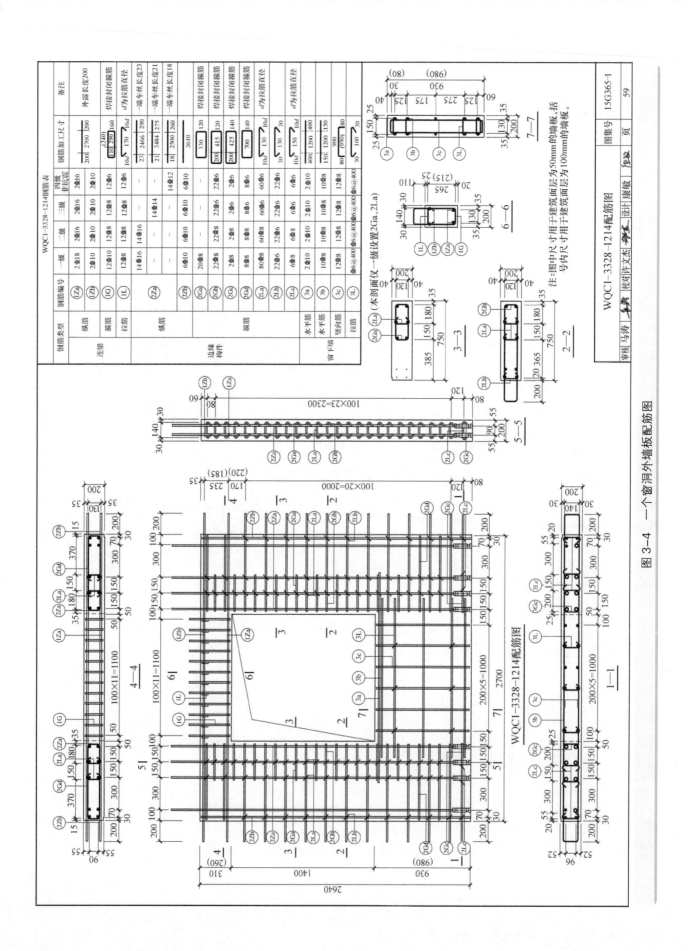

图 3-4 一个窗洞外墙板配筋图

3.　从配筋图中可以读到如下信息

（1）连梁底部纵向钢筋 1Za：依墙宽通长布置，两侧均外伸 200mm，一级抗震要求时为 2Φ18，其他情况为 2Φ16。

（2）连梁腰筋 1Zb：依墙宽通长布置，两侧均外伸 200mm，与墙板顶部距离为 35mm，与连梁底部纵筋间距为 235mm，当建筑面层为 100mm 厚时，间距为 185mm。

（3）连梁箍筋 1G：焊接封闭箍筋，箍住连梁底部纵筋和腰筋，上部外伸 110mm 至水平后浇带或圈梁混凝土内。仅窗洞正上方布置，距离窗洞边缘 50mm 开始，等间距设置。其规格一级抗震要求时为 12Φ10，二、三级抗震要求时为 12Φ8，四级抗震要求为 12Φ6。

（4）连梁拉筋 1L：拉结连梁腰筋和箍筋。弯钩平直段长度为 10d，其规格一、二、三级抗震要求时为 12Φ8，四级抗震要求时为 12Φ6。

（5）与灌浆套筒连接的边缘构件竖向纵筋 2Za：其中，窗洞口两侧边缘构件竖向纵筋共 12 根，距离窗洞边缘 50mm 开始布置，间距 150mm 布置 3 排，边缘构件两侧墙身竖向筋各 1 根，距边缘构件最外侧竖向纵筋间距为 300mm。其规格一、二级抗震要求时为 14Φ16，下端车丝长度为 23mm，与灌浆套筒机械连接，上端外伸 290mm，与上一层墙板中的灌浆套筒连接；三级抗震要求时为 14Φ14，下端车丝长度为 21mm，上端外伸 275mm；四级抗震要求时为 14Φ12，下端车丝长度为 18mm，上端外伸 260mm。

（6）不与灌浆套筒连接的边缘构件竖向纵筋 2Zb：沿墙板高度通长布置，不连接灌浆套筒，不外伸。其中墙端边缘竖向构造筋每端设置 2 根，共计 4 根，距墙板边 30mm 布置。与连接灌浆套筒的 2 根墙身竖向筋 2Za 对应的 2 根 2Zb 竖向纵筋，距墙边 100mm 布置。

（7）灌浆套筒处水平分布筋 2Gc：在距墙板底部 80mm 处（中心距）布置，从窗洞口边缘构件内侧至墙端。两层网片上同高度处两根水平分布筋在端部弯折连接形成封闭箍筋状，一端箍住窗洞口边缘构件最外侧竖向分布筋，另一端外伸 200mm，外伸后形成预留外伸 U 形筋的形式。窗洞两侧各设置一道。因灌浆套筒尺寸关系，该处箍筋并不在钢筋网片平面内。其规格一、二级抗震要求时为 2Φ8，三、四级抗震要求时为 2Φ6。

（8）墙体水平分布筋 2Gb：在套筒顶部至连梁底部之间均匀布置，距墙板底部 200mm 处开始布置，间距为 200mm。两层网片上同高度处两根水平分布筋在端部弯折连接形成封闭箍筋状。一端箍住窗洞口处边缘构件竖向分布筋，另一端外伸 200mm，外伸后形成预留外伸 U 形筋的形式。窗洞两侧各设置 11 道。其规格一、二级抗震要求时为 22Φ8，三、四级抗震要求时为 22Φ6。

（9）套筒顶和连梁处水平加密筋 2Gd：在套筒顶部以上 300mm 范围和连梁高度范围内设置，间距为 200mm。套筒顶部以上 300mm 范围内设置 2 道，与墙体水平分布筋 2Gb 间隔设置。连梁高度范围内设置 2 道（在最上一根的 2Gb 以上 200mm 处开始布置）。两层网片上同高度处两根水平加强筋在端部弯折连接形成封闭箍筋状。一端箍住窗洞口边缘构件最外侧竖向分布筋，另一端箍住墙体端部竖向构造纵筋 2Zb，不外伸。窗洞两侧共设置 8 道。其规格一、二级抗震要求时为 8Φ8，三、四级抗震要求时为 8Φ6。

（10）窗洞口边缘构件箍筋 2Ga：在套筒顶部 300mm 以上范围和连梁高度范围内设置，间距为 200mm。套筒顶部 300mm 以上范围内与墙体水平分布筋 2Gb 间隔设置。连梁高度范围内与连梁水平加密筋 2Gd 间隔设置。焊接封闭箍筋，箍住最外侧的窗洞口边缘构件竖向分布筋。仅在一级抗震要求时设置，窗洞两侧各设置 10Φ8。

（11）窗洞口边缘构件拉结筋 2La：在窗洞口边缘构件竖向纵筋与各类水平筋（墙体水平分布筋、边缘构件箍筋等）交叉点处布置拉结筋（无箍筋拉结处），不含灌浆套筒区域。弯钩平直段长度为 10d。其规格一级抗震要求时窗洞口两侧每侧 40Φ8，二级抗震要求时窗洞口两侧每侧 30Φ8，三、四级抗震要求时窗洞口两侧每侧 30Φ6。

（12）墙端边缘竖向构造纵筋拉结筋 2Lb：在墙端边缘竖向构造纵筋 2Zb 与墙体水平分布筋 2Gb 交叉点处布置拉结筋，每端 11 道，弯钩平直段长度为 30mm。

（13）灌浆套筒处拉结筋 2Lc：在灌浆套筒处水平分布筋与灌浆套筒和墙端端部竖向构造纵筋交叉点处布置拉结筋，弯钩平直段长度为 10d。其规格一、二级抗震要求时为 6Φ8，三、四级抗震要求时为 6Φ6。

（14）窗下水平加强筋 3a：在窗台下布置，距窗台面 40mm，端部伸入窗洞口两侧混凝土内 400mm。

（15）窗下墙水平分布筋 3b：在窗下墙处布置，端部伸入窗洞口两侧混凝土内 150mm。共布置 5 道，底部 2 道分别于套筒处水平分布筋和套筒顶第一根水平分布筋搭接，顶部 1 道距窗台 70mm，其余 2 道布置位置可见剖面图。

（16）窗下墙竖向分布筋 3c：布置在窗下墙处，距窗洞口边缘 100mm 开始布置，间距为 200mm。端部弯折 90°，弯钩长度为 80mm，两侧竖向筋通过弯钩连接。

一个窗洞外墙板配筋图如图 3-4 所示。

3.1.3 识读预制内墙板构件详图（以中间门洞口内墙板为例）

标准图集《预制混凝土剪力墙内墙板》（15G365-2）中的预制内墙板共有 4 种类型，分别为：无洞口内墙、固定门垛内墙、中间门洞内墙和刀把内墙。上

预制剪力墙内墙板识图

下层预制内墙板的竖向钢筋采用套筒灌浆连接，相邻预制内墙板之间的水平钢筋采用整体式接缝连接。

15G365-2 图集中的预制内墙板层高分为 2.8m、2.9m 和 3.0m 三种，门窗洞口宽度尺寸采用模数均为 3M。预制内墙板厚度为 200mm。

预制内墙板的混凝土强度等级不应低于 C30，钢筋均采用 HRB400 级钢筋。钢材采用 Q235-B 级钢材。预制内墙板按室内一类环境类别设计，配筋图中已标明钢筋定位，如有调整，钢筋最小保护层厚度不应小于 15mm。预制内墙板与后浇混凝土的结合面按粗糙面设计，粗糙面的凹凸深度不应小于 6mm。预制墙板侧面也可设置键槽。预制内墙板与后浇混凝土相连的部位，墙板两侧预留凹槽 30mm×5mm，既是保障预制混凝土与后浇混凝土接缝处外观平整度的措施，同时也能够防止后浇混凝土漏浆。

预制内墙板吊点在构件重心两侧（宽度和厚度两个方向）对称布置，并应在模板图中标注吊点数量和位置。预埋吊件 MJ1 采用吊钉，实际工程图纸可能选用其他设置。预制内墙板模板图中推荐了预埋电线盒的位置，可根据需要进行位置选用。构件详图中并未设置后浇混凝土模板固定所需预埋件，设计人员应与生产单位、施工单位协调，根据实际施工方案，在预制内墙板详图中补充相关的预埋件。

1. 中间门洞口内墙板识读要求

识读给出的中间门洞口内墙板模板图和配筋图，如图 3-5 和图 3-6 所示，明确外墙板各组成部分的基本尺寸和配筋情况。

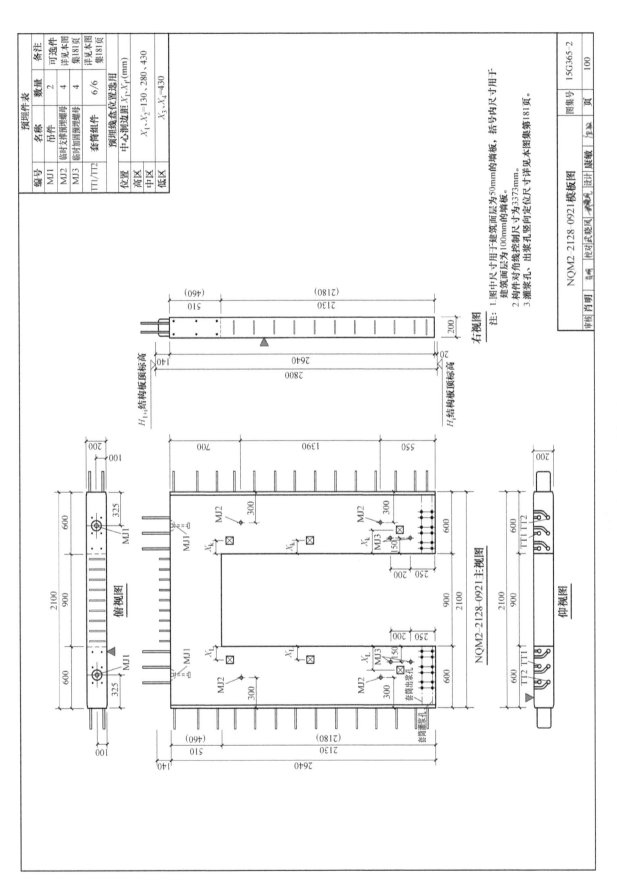

图 3-5　中间门洞口内墙板模板图

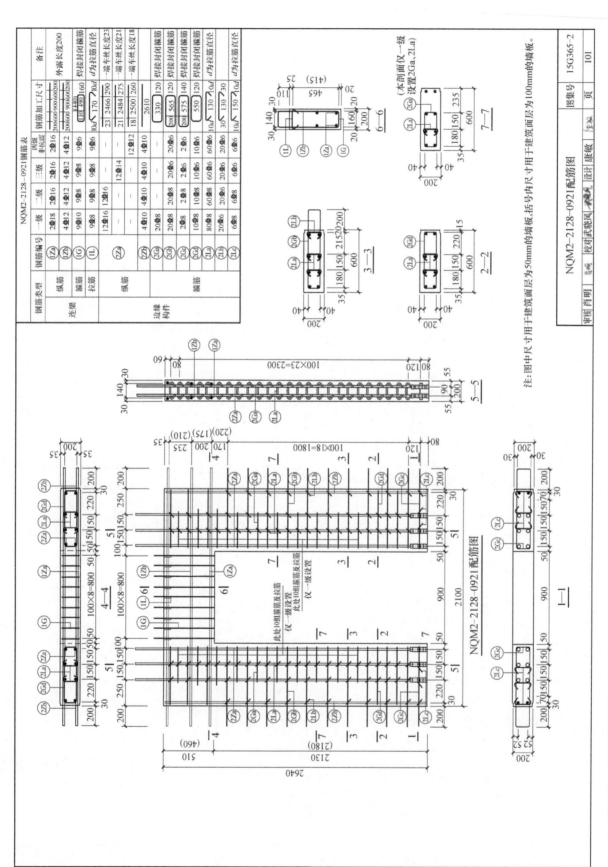

图3-6 中间门洞口内墙板配筋图

2. 从模板图中可以读到如下信息

（1）基本尺寸：墙板宽 2100mm（不含出筋）、高 2640mm（不含出筋，底部预留 20mm 高灌浆区，顶部预留 140mm 高后浇区，合计层高为 2800mm）、厚 200mm。门洞口宽 900mm、高 2130mm（当建筑面层为 100mm 时，门洞口高 2180mm）。门洞口居中布置，两侧墙板宽均为 600mm。

（2）预埋灌浆套筒：墙板底部预埋 12 个灌浆套筒。门洞两侧边缘构件的竖向筋均设置灌浆套筒，每侧 6 个，共计 12 个灌浆套筒。套筒灌浆孔和出浆孔设置在墙板内侧面上（设置墙板临时斜支撑的一侧，下同）。同一个套筒的灌浆孔和出浆孔竖向布置，灌浆孔在下，出浆孔在上。灌浆孔和出浆孔均处在同一水平高度上。因不同工程墙板配筋直径不同，且外侧钢筋网片上的套筒灌浆孔和出浆孔需绕过内侧网片竖向钢筋后达到内侧墙面，灌浆孔和出浆孔的水平间距不均匀。

（3）预埋吊件：墙板顶部有 2 个预埋吊件，编号为 MJ1。MJ1 在墙板厚度上居中布置，在墙板宽度上对称布置，与墙板侧边间距 325mm。

（4）预埋螺母：墙板内侧面有 4 个临时支撑预埋螺母，编号为 MJ2。呈矩形布置，与墙板侧边间距为 300mm。下部两螺母距离墙板下边缘 550mm，上部两螺母与下部两螺母间距为 1390mm。

（5）预埋临时加固螺母：门洞两侧墙板下部有 4 个预埋临时加固螺母，编号为 MJ3，每侧 2 个，对称布置，距门洞口侧边 150mm，下部两螺母距离墙板下边缘 250mm。上部两螺母与下部两螺母间距为 200mm。

（6）预埋电气线盒：门洞两侧各有 3 个预埋电气线盒，共计 6 个。线盒中心位置与墙板外边缘间距可根据工程实际情况从预埋线盒选用表中选取。

（7）其他：构件对角线控制尺寸为 3373mm，墙板两侧均预留凹槽 30mm×5mm，保障预制混凝土与后浇混凝土接缝处外观平整，同时也能够防止后浇混凝土漏浆。构件详图中并未设置后浇混凝土模板固定所需预埋件。

3. 从配筋图中可以读到如下信息

（1）连梁底部纵向钢筋 1Za：依墙宽通长布置，两侧均外伸 200mm，其规格一级抗震要求时为 2Φ18，其余为 2Φ16。

（2）连梁腰筋 1Zb：依墙宽通长布置，设上下两排，各两根，两侧均外伸 200mm，上排筋中心与墙板顶部距离 35mm，上排筋与下排筋间距为 235mm，当建筑面层为 100mm 时间距为 210mm。下排筋与底部纵筋间距为 200mm，当建筑面层为 100mm 时间距为 175mm。

（3）连梁箍筋 1G：焊接封闭箍筋，箍住连梁底部纵筋和腰筋，上部外伸 110mm 至水平后浇带或圈梁混凝土内。仅在门洞正上方布置，距离门洞边缘 50mm 处开始，等间距设置，间距为 100mm。其规格一级抗震要求时为 9Φ10，二、三级抗震要求时为 9Φ8，四级抗震要求时为 9Φ6。

（4）连梁拉筋 1L：拉结连梁腰筋和箍筋，弯钩平直段长度为 10d。其规格一、二、三级抗震要求时为 9Φ8，四级抗震要求时为 9Φ6。

（5）门洞口两侧边缘构件竖向纵筋 2Za，与灌浆套筒连接的边缘构件竖向纵筋，距门洞边缘 50mm 处开始布置，间距为 150mm，布置 3 排，共计 12 根。其规格一、二级抗震要求时为 12Φ16，下端车丝长度为 23mm，与灌浆套筒机械连接，上端外伸 290mm，与上一层墙板中的灌浆套筒连接；三级抗震要求时为 12Φ14，下端车丝长度为 21mm，上端外伸 275mm；四级抗震要求时为 12Φ12，下端车丝长度为 18mm，上端外伸 260mm。

（6）门洞两侧边缘构件竖向纵筋 2Za：与灌浆套筒连接的边缘构件竖向纵筋，距离门洞边缘 50mm 处开始布置，间距为 150mm，每侧布置 3 排，两层网片共 12 根竖向筋。其规格一、二级抗震要求时为 12Φ16，下端车丝长度为 23m，与灌浆套筒机械连接，上端外伸 290mm，与上一层墙板中的灌浆套筒连接；三级抗震要求时为 12Φ14，下端车丝长度为 21mm，上端外伸 275mm；四级抗震要求时为 12Φ12。下端车丝长度为 18mm，上端外伸 260mm。

（7）墙端端部竖向构造纵筋 2Zb：距墙板边 30mm 处开始布置，沿墙板高度通长布置，不连接灌浆套筒，不外伸，每端设置 2 根，共计 4 根。

（8）门洞口边缘构件箍筋 2Ga：在套筒顶部 300mm 以上范围和连梁高度范围内设置，间距为 200mm。套筒顶部 300mm 以上范围内与墙体水平分布筋 2Gb 间隔设置，连梁高度范围内与连梁处水平加密筋 2Gd 间隔设置。焊接封闭箍筋，箍住最外侧的门洞口边缘构件竖向分布筋，仅在一级抗震要求时设置，门洞两侧各设置 10Φ8。

（9）墙体水平分布筋 2Gb：套筒顶部至连梁底部之间均匀布置，距墙板底部 200mm 处开始布置，间距为 200mm。两层网片上同高度处两根水平分布筋在端部弯折连接形成封闭箍筋状，一端箍住门洞口处边缘构件最外侧竖向分布筋，另一端外伸 200mm，外伸后形成预留外伸 U 形筋的形式，门洞两侧各设置 10 道。其规格一、二级抗震要求时为 20Φ8，三、四级抗震要求时为 20Φ6。

（10）灌浆套筒处水平分布筋 2Gc：距墙板底部 80mm 处（中心距）布置，从门洞口边缘构件内侧至墙端，两层网片上同高度处两根水平分布筋在端部弯折连接形成封闭箍筋状，一端箍住门洞口边缘构件最外侧竖向分布筋，另一端外伸 200mm。外伸后形成预留外伸 U 形筋的形式。门洞两侧各设置一道。因灌浆套筒尺寸关系，该处箍筋并不在钢筋网片平面内。其规格一、二级抗震要求时为 2Φ8，三、四级抗震要求时为 2Φ6。

（11）套筒顶和连梁处水平加密筋 2Gd：在套筒顶部以上 300mm 范围和连梁高度范围内设置，间距为 200mm，套筒顶部以上 300mm 范围内与墙体水平分布筋 2Gb 间隔设置；连梁高度范围内均匀布置，两层网片上同高度处两根水平加强筋在端部弯折连接形成封闭箍筋状，一端箍住门洞口边缘构件最外侧竖向分布筋，另一端箍住墙体端部竖向构造纵筋 2Zb。门洞两侧共设置 10 道。其规格一、二级抗震要求时为 10Φ8，三、四级抗震要求时为 10Φ6。

（12）门洞口边缘构件拉结筋 2La：在门洞口边缘构件竖向纵筋与各类水平筋交叉点处布置拉结筋，不含灌浆套筒区域。弯钩平直段长度为 10d。其规格一级抗震要求时门洞口两侧每侧设置 40Φ8，二级抗震要求时门洞口两侧每侧设置 30Φ8，三、四级抗震要求时门洞口两侧设置 30Φ6。

（13）灌浆套筒处拉结筋 2Lc：在灌浆套筒处水平分布筋与灌浆套筒和墙端端部竖向构造纵筋交叉点处布置拉结筋，弯钩平直段长度为 10d。其规格一、二级抗震要求时为 6Φ8，三、四级抗震要求时为 6Φ6。

配筋图如图 3-6 所示。

3.1.4　识读预制混凝土叠合式阳台板详图

1. 预制混凝土叠合式阳台板识读要求

识读给出的预制钢筋混凝土叠合式阳台板，读懂各类预制构件的制图规则，明确构件的平面分布情况，阳台板主视图如图 3-7 所示，三视图如图 3-8 所示。

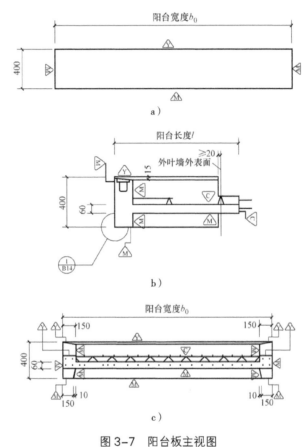

图 3-7　阳台板主视图

a）主视图 1　b）主视图 2　c）主视图 3

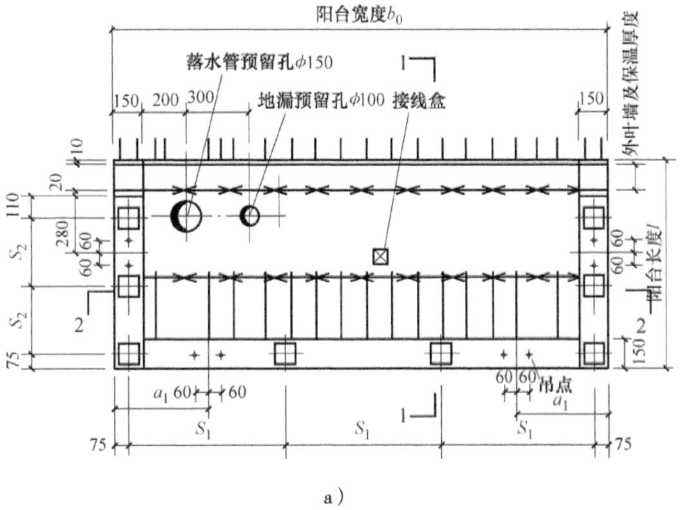

图 3-8　阳台板三视图

a）俯视图

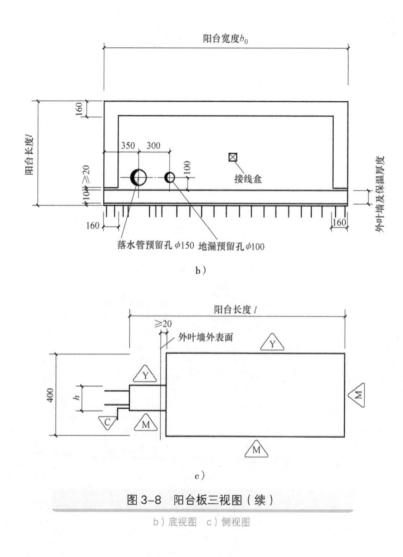

图 3-8　阳台板三视图（续）

b）底视图　c）侧视图

2. 配筋情况

（1）叠合式阳台板上部采用 $\Phi 8$ 钢筋，锚固于阳台宽度方向，封边内弯折长度为 $15d$，外伸长度为 320mm，与上部纵向受力纵向钢筋搭接 300mm。

（2）叠合式阳台板下部纵向钢筋采用 $\Phi 8$，锚固于阳台宽度方向，封边内弯折长度为 $15d$，外伸长度应不小于 $12d$，并伸过墙中心线。

（3）叠合式阳台板下部横向钢筋采用 $\Phi 10$，位于 3 号钢筋下层，锚固于阳台长度方向，两边封边内弯折长度为 $15d$。

（4）叠合式阳台板长度方向封边的上部钢筋采用 $\Phi 12$，位于两侧封边的上部，锚固于阳台宽度方向，封边内弯折长度为 $15d$。

（5）叠合式阳台板长度方向封边的箍筋采用 $\Phi 6$，箍住两侧封边的上、下部钢筋。

（6）叠合式阳台板长度方向封边的腰筋搭接钢筋采用 $\Phi 8$，搭接长度为 300mm，外伸长度应不小于 $12d$ 且伸过墙中心线，仅用于 YTB-D×××-04 叠合式阳台板。

配筋平面图如图 3-9 所示。

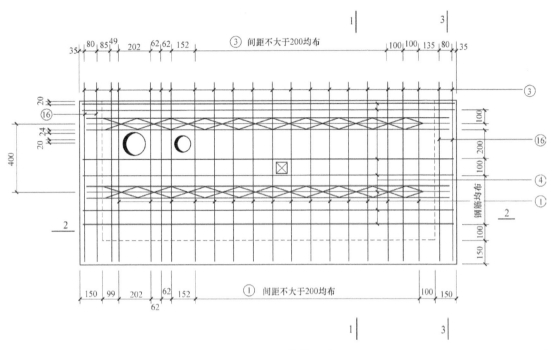

图 3-9 配筋平面图

3.1.5 识读预制钢筋混凝土板式楼梯详图

预制楼梯识图

标准图集《预制钢筋混凝土板式楼梯》（15G367-1）中的标准梯段板共有 2 种类型，分别为双跑楼梯和剪刀楼梯。

楼梯梯段板为预制混凝土构件，平台梁、板可采用现浇混凝土。梯段板支座处为销键连接，上端支承处为固定铰支座，下端支承处为滑动铰支座。15G367-1 图集中的标准梯段板对楼梯间净宽为 2.5m 或 2.6m。楼梯入户处建筑面层高度为 50mm，楼梯平台板处建筑面层厚度为 30mm。

混凝土强度等级为 C30，钢筋采用 HPB300、HRB400 级钢筋。预埋件的锚板采用 Q235-B 级钢材。钢筋保护层厚度按 20mm 设计，环境类别为一类。

1. 预制钢筋混凝土板式楼梯识读要求

识读给出的梯段板模板图和配筋图，明确梯段板的基本尺寸和配筋情况，如图 3-10～图 3-12 所示。

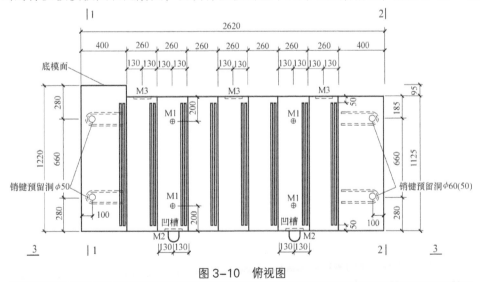

图 3-10 俯视图

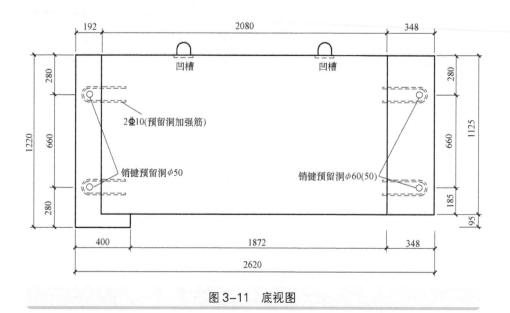

图 3-11　底视图

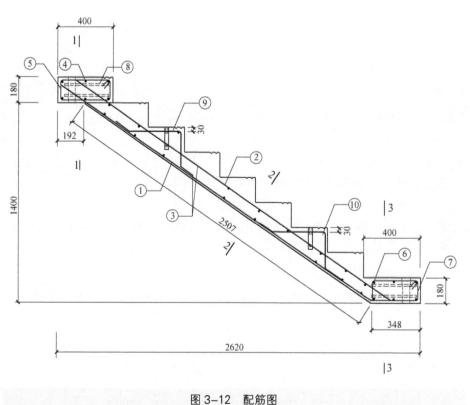

图 3-12　配筋图

2. 基本尺寸

　　楼梯间净宽为 2400mm，其中梯井宽为 110mm，梯段板宽为 1125mm，梯段板与楼梯间外墙间距为 20mm。梯段板水平投影长 2620mm。梯段板厚 120mm。梯段板设置一个与低处楼梯平台连接的底部平台、七个梯段中间的踏步和一个与高处楼梯平台连接的踏步平台。

　　梯段底部平台面宽 400mm（因梯段有倾斜角度，平台底宽 348mm），长度与梯段宽度相同，厚 180mm。顶面与低处楼梯平台顶面建筑面层平齐，搁置在平台挑梁上，与平台顶面间留 30mm 空隙。平台上设置 2 个销键预留洞，预留洞中心距离梯段板底部平台侧边分别为 100mm（靠楼梯平台一侧）和 280mm（靠楼梯间外墙一侧），对称设置，预留洞下部 140mm 孔径为 50mm，上部 40mm 孔径为 60mm。

梯段中间的 01 ～ 07 号踏步自下而上排列，踏步高 175mm，踏步宽 260mm，踏步面长度与梯段宽度相同。踏步面上均设置防滑槽。第 01、04 和 07 号踏步台阶靠近梯井一侧的侧面各设置 1 个拉杆预留埋件 M3，在踏步宽度上居中设置。第 02 和 06 号踏步台阶靠近楼梯间外墙一侧的侧面各设置 1 个梯段板吊装预埋件 M2，在踏步宽度上居中设置。第 02 和 06 号踏步面上各设置 2 个梯段板吊装预埋件 M1，在踏步宽度上居中，距离踏步两侧边（靠楼梯间外墙一侧和靠梯井一侧）200mm 处对称设置。

与高处楼梯平台连接的 08 号踏步平台面宽 400mm（因梯段有倾斜角度，平台底宽 192mm），长 120m（靠楼梯间外墙一侧与其他踏步平齐，靠梯井一侧比其他踏步长 95mm），厚 180mm。顶面与高处楼梯平台顶面建筑面层平齐，搁置在平台挑梁上，与平台顶面间留 30mm 空隙。平台上设置 2 个销键预留洞，孔径为 50mm，预留洞中心距离踏步侧边分别为 100mm（靠楼梯平台一侧）和 280mm（靠楼梯间外墙一侧），对称设置。该踏步平台与上一梯段板底部平台搁置在同一楼梯平台挑梁上，之间留 15mm 空隙。

3. 钢筋布置

（1）下部纵筋为 7Φ10，布置在梯段底板部，沿梯段板方向倾斜布置，在梯段板底部平台处弯折成水平向，间距为 200mm，梯段板宽度最外侧的两根下部纵筋间距调整为 125mm，距离板边分别为 40mm 和 35mm。

（2）上部纵筋为 7Φ8，布置在沿梯段板方向倾斜布置，在梯段板底部平台处不弯折，直伸至下部纵筋水平段处，在梯段板宽度上与下部纵筋对称布置。

（3）上下分布筋为 20Φ8，分别布置在下部纵筋和上部纵筋内侧，与下部纵筋和上部纵筋分别形成钢筋网片。

（4）边缘纵筋 1 为 6Φ12，布置在顶部踏步平台处，沿平台长度方向布置 6 根，平台上、下部各 3 根，采用类似梁纵筋形式布置。

（5）边缘箍筋 1 为 9Φ8，布置在顶部踏步平台处，箍住边缘纵筋 1，间距为 150mm，顶部踏步平台最外侧两道箍筋间距调整为 100mm。

（6）边缘纵筋 2 为 6Φ12，布置在底部平台处，沿平台长度方向布置 6 根，平台上、下部各 3 根，采用类似梁纵筋形式布置。

（7）边缘箍筋 2 为 9Φ8，布置在底部平台处，箍住边缘纵筋 2，间距为 150mm，底部平台最外侧两道箍筋间距调整为 70mm。

（8）销键预留洞加强筋为 8Φ10，每个销键预留洞处上、下各 1 根，布置在边缘纵筋内侧，水平布置。

（9）吊点加强筋 1 为 8Φ8，在每个吊点预埋件 M1 中心线左右两侧 50mm 处布置 1 根。

（10）吊点加强筋 2 为 2Φ8，上、下两组吊点各布置 1 根，在 9 号吊点加强筋内侧布置。

（11）边缘加强筋为 2Φ14，布置在上分布筋的弯钩内侧，与梯段板上部纵筋同向，在梯段板底部平台处弯折成水平向，长度为 275mm 或 368mm，与梯段板下部纵筋水平段同层，在梯段板顶部平台处弯折成水平向，长度为 150mm 或不弯折。

3.1.6　识读预制钢筋混凝土柱详图

1. 预制钢筋混凝土柱识读要求

识读给出的钢筋混凝土柱模板图和配筋图，如图 3-13 所示，明确基本尺寸和配筋情况。

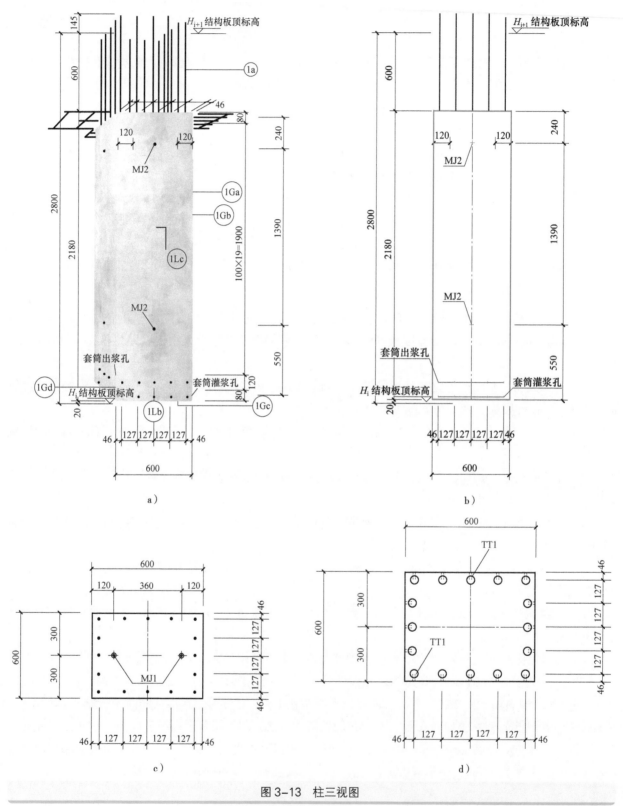

图 3-13　柱三视图

a）主视图　b）侧视图　c）俯视图　d）底视图

2. 基本尺寸

柱的总高度为 2800mm，其中预制部分高度为 2180mm，长度、宽度均为 600mm，三视图如图 3-13 所示。

3. 配筋情况

（1）与灌浆套筒连接的竖向纵筋 1a：自柱边 46mm 开始布置，间距为 127mm，共 16 根。其规格一、二、三级抗震要求时为 16Φ18，下端车丝长度为 23mm，与灌浆套筒机械连接，上端外伸 290mm，与上层墙板中的灌浆套筒连接；四级抗震要求时为 16Φ16，下端车丝长度为 21mm，上端外伸 275mm。

（2）预制混凝土柱箍筋 1Ga：采用 Φ8@100，自柱顶 80mm 开始布置，间距为 100mm，布置 20 道。箍住 16 根竖向纵筋 1a。

（3）预制混凝土柱箍筋 1Gb，采用 Φ8@100，在箍筋 1Ga 上层布置，交错布置 2 根，间距为 100mm，布置 20 道，共计 40 根。箍住中间 12 根竖向纵筋 1a。

（4）预制混凝土柱箍筋 1Gc，采用 1Φ8，自柱底部 80mm 处布置 1 道。箍住 16 根竖向灌浆套筒。

（5）预制混凝土柱箍筋 1Gd，采用 2Φ8，在箍筋 1Gc 上层布置，交错布置 2 根，共计 2 根。箍住中间 12 根竖向灌浆套筒。

（6）预制混凝土柱箍筋 1Lb：采用 2Φ8，在箍筋 1Gd 上层布置，交错布置 2 根，共计 2 根。拉住中间 4 根竖向灌浆套筒。

（7）预制混凝土柱的竖向纵筋 1a 与上层柱灌浆套筒连接长度为 145mm。

柱配筋图如图 3-14 所示。

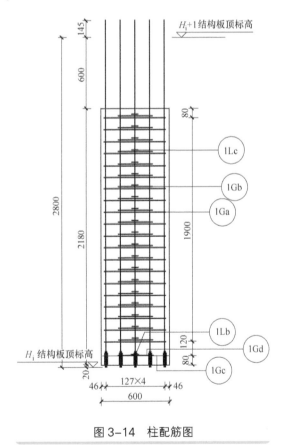

图 3-14　柱配筋图

3.1.7　识读预制钢筋混凝土叠合梁详图

1. 预制钢筋混凝土叠合梁识读要求

识读给出的钢筋混凝土叠合梁模板图和配筋图，明确其基本尺寸和配筋情况。

2. 基本尺寸

叠合梁标志跨度为3000mm,预制厚度为450mm,现浇厚度为150mm,宽为200mm,预制长度为2600mm,梁两侧各现浇200mm。同时在预制叠合梁两端部设置预设剪力键槽,键槽上边距顶部距离为147mm,表面规则且连续,凹凸构造,可实现预制构件与后浇混凝土的共同受力作用,三视图如图3-15所示。

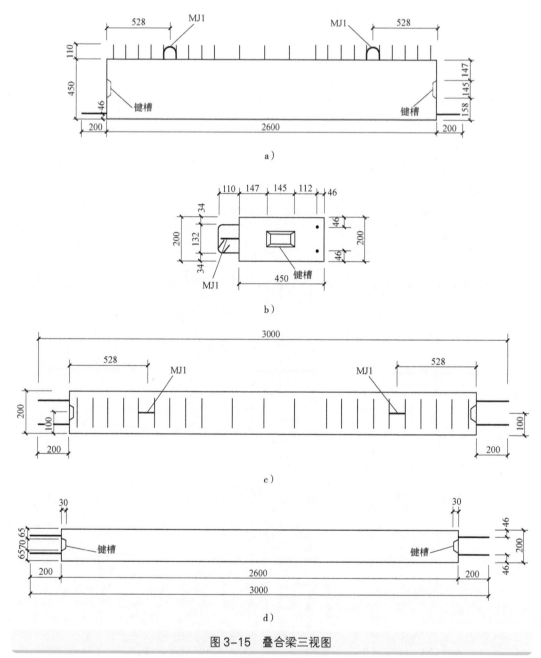

图3-15 叠合梁三视图

a)主视图 b)侧视图 c)俯视图 d)底视图

3. 配筋情况

(1)叠合梁底部纵筋为2Φ16,长度为3000mm,依梁长通长布置,两侧均外伸200mm。

(2)叠合梁箍筋为22Φ6,箍住叠合梁底部纵筋和腰筋,上部外伸110mm。

(3)叠合梁腰筋为4Φ12,加工尺寸为2534mm,依梁长通长布置,两侧均不外伸。设置两排,每排布置2根。其中,预制叠合梁的底部纵筋中心线距梁底和梁边线均为46mm,预制叠合梁的顶部距上部腰筋中心距离为 36mm，上、下腰筋中心距离为 186mm，下腰筋中心距梁底部纵筋中心距离为 182mm，配筋平面图如图 3-16 所示。

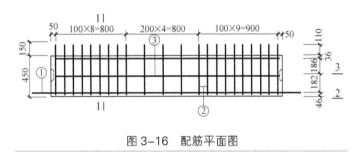

图 3-16　配筋平面图

3.2　预制构件的节点连接构造

3.2.1　混凝土叠合楼（屋）面板的节点连接构造

混凝土叠合受弯构件是指预制混凝土梁板顶部在现场后浇混凝土而形成的整体受弯构件。装配整体式结构组成中根据用途将混凝土分为叠合构件混凝土和构件连接混凝土。

叠合楼（屋）面板的预制部分多为薄板，在预制构件加工厂完成。施工时吊装就位，现浇部分在预制板面上完成。预制薄板作为永久模板又作为楼板的一部分承担使用荷载，具有施工周期短、制作方便、构件较轻的特点，其整体性和抗震性能较好。

叠合楼（屋）面板结合了预制和现浇混凝土各自的优势，兼具现浇和预制楼（屋）面板的优点，能够节省模板支撑系统。

1. 叠合楼（屋）面板的分类

叠合楼（屋）面板主要有预应力混凝土叠合板、预制混凝土叠合板、桁架钢筋混凝土叠合板等。

2. 叠合楼（屋）面板的节点构造

（1）预制混凝土与后浇混凝土之间的结合面应设置粗糙面。粗糙面的凹凸深度不应小于 4mm，以保证叠合面具有较强的黏结力，使两部分混凝土共同、有效的工作。

预制板厚度由于脱模、吊装、运输、施工等因素，最小厚度不宜小于 60mm。后浇混凝土层最小厚度不应小于 60mm，主要考虑楼板的整体性以及管线预埋、面筋铺设、施工误差等因素。当板跨度大于 3m 时，宜采用桁架钢筋混凝土叠合板，可增加预制板的整体刚度和水平抗剪性能。当板跨度大于 6m 时，宜采用预应力混凝土预制板，节省工程造价。板厚大于 180mm 的叠合板，其预制部分采用空心板，空心板端空腔应封堵，可减轻楼板自重，提高经济性能。

（2）叠合板支座处的纵向钢筋应符合下列规定：

1）端支座处，预制板内的纵向受力钢筋宜从板端伸出并锚入支撑梁或墙的后浇混凝土中，锚固长度不应小于 5d（d 为纵向受力钢筋直径），且宜伸过支座中心线，如图 3-17a 所示。

2）单向叠合板的板侧支座处，当板底分布钢筋不伸入支座时，宜在紧邻预制板顶面的后浇混凝土叠合层中设置附加钢筋，附加钢筋截面面积不宜小于预制板内的同向分布钢筋面积，间距不宜大于 600mm，在板的后浇混凝土叠合层内锚固长度不应小于 15d，在支座内锚固长度不应小于 15d（d 为附加钢筋直径）且宜伸过支座中心线，如图 3-17b 所示。

3）单向叠合板板侧的分离式接缝宜配置附加钢筋，如图 3-18 所示。接缝处紧邻预制板顶面宜设置垂直于板缝的附加钢筋，附加钢筋伸入两侧后浇混凝土叠合层的锚固长度不应小于 15d（d 为附加钢筋直径）；附加钢筋截面面积不宜小于预制板中该方向钢筋面积，钢筋直径不宜小于 6mm，间距不宜大于 250mm。

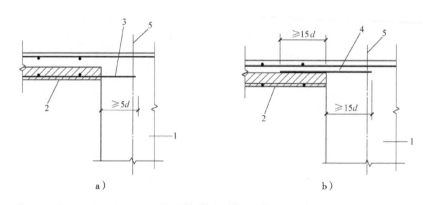

图 3-17 叠合板端及板侧支座构造示意

a）板端支座 b）板侧支座
1—支撑梁或墙 2—预制板 3—纵向受力钢筋 4—附加钢筋 5—支座中心线

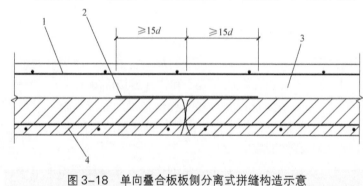

图 3-18 单向叠合板板侧分离式拼缝构造示意

1—后浇层内钢筋 2—附加钢筋 3—后浇混凝土叠合层 4—预制板

（3）双向叠合板板侧的整体式接缝处由于有应变集中情况，宜将接缝设置在叠合板的次要受力方向上且宜避开最大弯矩截面，如图 3-19 所示。

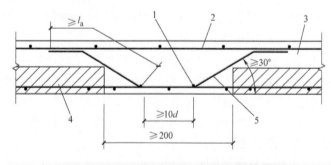

图 3-19 双向叠合板整体式接缝构造示意

1—通长构造钢筋 2—后浇层内钢筋 3—后浇混凝土叠合层
4—预制板 5—纵向受力钢筋

接缝可采用后浇带形式，并应符合下列规定：

1）后浇带宽度不宜小于 200mm；

2）后浇带两侧板底纵向受力钢筋可在后浇带中焊接、搭接连接、弯折锚固；

3）当后浇带两侧板底纵向受力钢筋在后浇带中弯折锚固时，应符合下列规定：

叠合板厚度不应小于 $10d$（d 为弯折钢筋直径的较大值），且不应小于 120mm；垂直于接缝的板底纵向受力钢筋配置量宜按计算结果增大 15% 配置；接缝处预制板侧伸出的纵向受力钢筋应在后浇混凝土叠合层内锚固，且锚固长度不应小于 l_a；两侧钢筋在接缝处，重叠的长度不应小于 $10d$，钢筋弯折角度不应大于 30°，弯折处沿接缝方向应配置不少于 2 根通长构造钢筋，且直径不应小于该方向预制板内钢筋直径，具体要求如图 3-20、图 3-21 所示。

混凝土结构暴露的环境类别

环境类别	条件
一	室内干燥环境；无侵蚀性静水浸没环境
二a	室内潮湿环境；非严寒和非寒冷地区的露天环境；非严寒和非寒冷地区与无侵蚀性水或土壤直接接触的环境；严寒和寒冷地区的冰冻线以下与无侵蚀性的水或土壤直接接触的环境
二b	干湿交替环境；水位频繁变动环境；严寒和寒冷地区的露天环境；严寒和寒冷地区的冰冻线以上与无侵蚀性的水或土壤直接接触的环境
三a	严寒或寒冷地区冬季水位变动区环境；受除冰盐影响环境；海风环境
三b	盐渍土环境；受除冰盐作用环境；海岸环境
四	海水环境
五	受人为或自然的侵蚀性物质影响的环境

注：1. 室内潮湿环境是指构件表面经常处于结露或湿润状态的环境。
　　2. 严寒和寒冷地区的划分应符合现行国家标准《民用建筑热工设计规范》GB 50176 的有关规定。
　　3. 海岸环境和海风环境宜根据当地情况，考虑主导风向及结构所处迎风、背风部位等因素的影响，由调查研究和工程经验确定。
　　4. 受除冰盐影响环境是指受到除冰盐盐雾影响的环境；受除冰盐作用环境是指被除冰盐溶液溅射的环境以及使用除冰盐地区的洗车房、停车楼等建筑。
　　5. 暴露的环境是指混凝土结构表面所处的环境。

混凝土保护层的最小厚度 c_{min}（单位：mm）

环境类别	板	梁
一	15	20
二a	20	25
二b	25	35
三a	30	40
三b	40	50

注：1. 表中混凝土保护层厚度指最外层钢筋外边缘至混凝土表面的距离，适用于设计使用年限为 50 年的混凝土结构。
　　2. 构件中受力钢筋的保护层厚度不应小于钢筋的公称直径。
　　3. 设计使用年限为 100 年的混凝土结构，一类环境中，最外层钢筋的保护层厚度不应小于表中数值的 1.4 倍；二、三类环境中，应采取专门的有效措施。
　　4. 对采用工厂化生产的预制构件，当有充分依据时，可适当减少混凝土保护层的厚度。
　　5. 当梁中钢筋的保护层厚度大于 50mm 时，宜对保护层混凝土采取有效的构造措施进行拉结，防止混凝土开裂剥落、下坠。

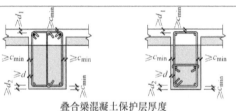

叠合梁混凝土保护层厚度

注：图中 d_1 和 d_2 分别为梁上部和下部纵向钢筋的公称直径，d 为二者的较大值。

图 3-20　最小保护层厚度要求

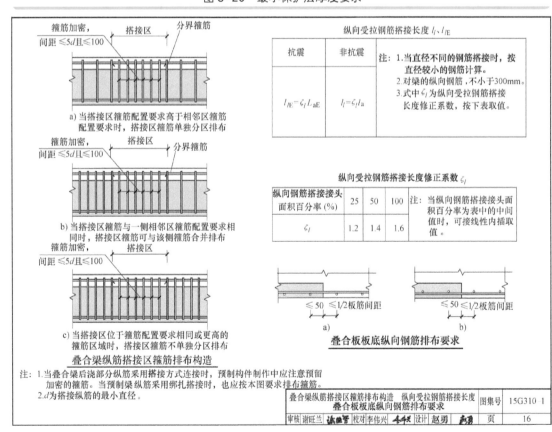

纵向受拉钢筋搭接长度 l_l、l_{lE}

抗震	非抗震	注：1. 当直径不同的钢筋搭接时，按直径较小的钢筋计算。
$l_{lE} = \zeta_l L_{aE}$	$l_l = \zeta_l l_a$	2. 对梁的纵向钢筋，不小于 300mm。 3. 式中 ζ_l 为纵向受拉钢筋搭接长度修正系数，按下表取值。

纵向受拉钢筋搭接长度修正系数 ζ_l

纵向钢筋搭接接头面积百分率(%)	25	50	100	注：当纵向钢筋搭接接头面积百分率为表中的中间值时，可按线性内插取值。
ζ_l	1.2	1.4	1.6	

叠合梁纵筋搭接区箍筋排布构造

注：1. 当叠合梁后浇部分纵筋采用搭接方式连接时，预制构件制作中应注意预留加密的箍筋。当预制梁纵筋采用绑扎搭接时，也应按本图要求排布箍筋。
　　2. d 为搭接纵筋的最小直径。

叠合梁纵筋搭接区箍筋排布构造　纵向受拉钢筋搭接长度 叠合板板底纵向钢筋排布要求		图号	15G310-1
审核 谢旺兰	校对 李伟兴	设计 赵勇	页　16

图 3-21　钢筋布置要求

叠合楼板预制板是在工厂分块预制，现场分块安装的。为了保证装配式混凝土建筑楼板的完整性、整体性和连续性，并提高其抗震性能，就需要采取可靠的措施，将每个独立的叠合楼板预制板连接起来。就目前技术而言，能将每个独立的叠合楼板预制板可靠地连接起来的方法主要是采用现浇混凝土连接。

3. 叠合楼板预制板的支撑

叠合楼板预制板在采取现浇混凝土连接前，应先设置支撑，并使其牢固。

叠合楼板预制板设置支撑时，应先对叠合楼板预制板的安装质量进行检查。叠合楼板预制板的安装质量检查内容包括：安装位置，安装标高，相邻叠合楼板预制板平整度、高低差、拼缝尺寸等。板底标高及位置误差应控制在 2mm 以内。

叠合楼板预制板板底下部支撑，宜选用定型独立钢支柱，每块叠合楼板预制板的支撑应为 4 个以上。

叠合楼板预制板的支撑设置应符合以下要求：

1）支撑架体应具有足够的承教能力、刚度和稳定性。

2）支撑的间距及距离叠合楼板预制板板边的净距符合系统验算要求，上、下层支撑应在同一直线上。预制板下支撑间距应不大于 3.3m，当支撑间距大于 3.3m 且板面施工荷载较大时，跨中需在预制板中间加设支撑。支撑距离叠合楼板预制板板端的净路应小于 300mm。

3）上、下层支撑应在一条垂直线上。

4）预制叠合楼板的叠合层混凝土强度达到设计强度的 75% 后，方可拆除下一层支撑。

4. 叠合楼板后浇带模板支撑

叠合楼板后浇带模板支模应注意以下事项：

1）后浇带模板采用木胶合板，用扣碗式的脚手架做支撑。

2）后浇带模板及支撑系统要严格检查牢固程度，要控制好模板标高、截面尺寸等。

3）模板间缝隙需用胶带粘贴，避免浇筑混凝土时漏浆。

4）后浇带模板及支撑系统施工完毕后，应清除模板内的杂物。

5）叠合楼板后浇带处混凝土强度达到设计强度的 75% 后，方可拆除模板及支撑系统。

3.2.2 预制板的节点连接构造

1. 预制叠合板与内墙连接构造

预制叠合板与内墙连接节点

（1）基本尺寸：预制内墙板厚度为 200mm，单向叠合板与预制内墙板连接处连接钢筋的叠合板端部搭接长度为 90mm。

（2）座浆找平：上一层预制内墙板安装前，解决接触面整平问题，利用砂浆填塞接触面间隙，保证墙体粘合密实。

（3）砂浆围挡：上一层预制内墙板安装后，灌浆前对墙体根部进行密实围挡，防止灌浆料外漏。

（4）钢筋布置：现浇叠合层中纵向钢筋，应由设计人员另行设置。

（5）两个叠合板间要布置 Φ6@200mm 纵向钢筋，搭接在两个板上。还要在两个板上各布置 1Φ6 通长构造钢筋。

（6）连接原理：

1）通过墙板与叠合板预留插筋及上部现浇层钢筋，保证连接可靠。

2）通过注浆管与预留插筋，保证上、下构件的连接及钢筋的连续性。

3）竖向预留插筋位置应加强控制，采用定型钢筋限位框以保证位置准确，便于竖向构件连接。

4）通过注浆管灌浆，将水平施工缝填充密实。

5）竖向构件之间两端预留钢筋，与现浇节点整体浇筑，保证钢筋的连续性以确保构件的可靠连接。

预制叠合板与预制内墙连接节点图如图 3-22 所示。

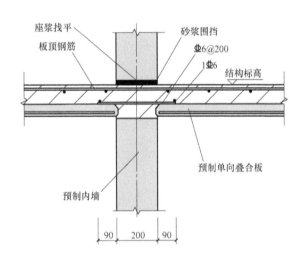

图 3-22　预制叠合板与预制内墙连接节点图

2. 预制叠合板与外墙连接构造

（1）基本尺寸：预制外墙板中承重内叶墙板厚度为 200mm。单向叠合板与预制外墙板连接处连接钢筋叠合板端部搭接长度为 90mm。

预制叠合板与外墙连接节点

（2）密封胶：是用来填充上、下预制外墙中外叶墙板间隙，以起到密封作用的胶粘剂。

（3）背衬材料：是控制密封材料的嵌填深度，防止密封材料和接缝底部黏结而设置可变形的材料。

（4）砂浆围挡：上一层预制内墙板安装后，灌浆前对墙体根部进行密实围挡，防止灌浆料外漏。

（5）钢筋布置：现浇叠合层中纵向钢筋，应由设计人员另行设置。

（6）预制单向叠合板与外墙接缝处，布置 Φ6@200mm 纵向钢筋，Φ6 通长构造钢筋。

（7）连接原理：外墙构件上部设置企口，外低内高，可增强抗渗性能；通过现浇节点，将预制构件拼接在一起。

预制叠合板与预制外墙连接节点图如图3-23所示。

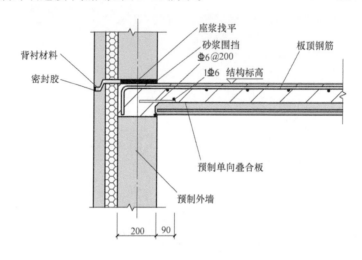

图3-23　预制叠合板与预制外墙连接节点图

3. 预制单向叠合板接缝构造

（1）防坠落柔性砂浆：预制单向叠合板密拼接缝下口用柔性砂浆封堵，防止上层现浇叠合层混凝土漏浆。

预制单向叠合板接缝

（2）钢筋布置：两个单向叠合板采用密拼接缝连接，钢筋搭接长度为90mm。

（3）现浇叠合层中纵向钢筋，应由设计人员另行设置；预制单向叠合板密拼接缝处板底连接纵筋为$\underline{\Phi}6@200$；预制单向叠合板密拼接缝处附加通长构造钢筋1$\underline{\Phi}$6，如图3-24所示。

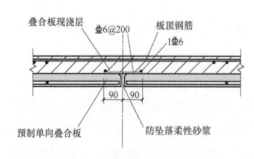

图3-24　预制单向叠合板密拼接缝

4. 预制双向叠合板接缝构造

（1）基本尺寸：预制双向叠合板后浇带接缝宽度为300mm。

（2）钢筋布置：预制双向叠合板接缝搭接处设置4$\underline{\Phi}$10的顺缝底板纵向钢筋。现浇叠合层中纵向钢筋，应由设计人员另行设计。预制双向叠合板接缝如

预制双向叠合板接缝

图 3-25 所示。

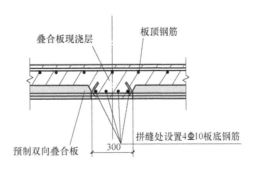

图 3-25　预制双向叠合板接缝图

3.2.3　预制剪力墙的节点连接构造

1. 预制剪力墙结构节点连接形式

装配式混凝土结构通过将现浇混凝土结构进行拆分、预制并进行现场吊装、拼接而成。因此，预制混凝土构件之间会形成很多的节点连接，所以，合理科学的连接技术是关键，以确保结构的整体性。

装配式混凝土剪力墙结构预制构件主要有全预制或叠合形式的屋面板、连梁、阳台板、楼梯等。每个构件之间通过受力钢筋连接或现浇混凝土连接形成"等同现浇"的整体结构。

按照节点的位置、使用材料、构造形式以及设计原则等，从节点的受力特性和其对结构的整体性能考虑，可将装配整体式混凝土剪力墙结构的节点分为结构性节点和非结构形节点两大类。

结构性节点是指预制剪力墙竖向连接节点、预制剪力墙水平连接节点、预制剪力墙—连梁连接节点、预制剪力墙—楼板连接节点和预制剪力墙—填充墙连接节点。

装配式混凝土相比现浇混凝土而言，构件分割预制易造成的拼缝处混凝土不连续或钢筋截断。那么，为了实现"等同现浇"的性能，装配式混凝土结构构件必须采取可靠措施来保证钢筋和混凝土受力的连续性。

传统现浇混凝土结构中钢筋连接技术主要是绑扎连接、焊接连接、机械连接这三种。由于接头受力、技术水平、施工工艺等方面的影响，装配式混凝土结构预制构件钢筋连接主要采用浆锚连接与套筒灌浆连接两种形式。

（1）浆锚连接。从预制构件的表面外伸一定长度钢筋插入所连接的预制构件对应位置的预留孔道内，钢筋与孔道内壁之间填充高强度、无收缩灌浆料，形成钢筋浆锚连接，目前国内普遍采用的连接构造包括约束浆锚连接和金属波纹管浆锚连接。

浆锚连接的工作原理是将需连接的钢筋插入预制构件预留孔内，在孔内灌浆固定该钢筋，使之与孔旁的钢筋形成"搭接"，两根搭接的钢筋被螺旋钢筋或者箍筋约束。

　　浆锚连接按照成孔方式可分为金属波纹管浆锚连接和约束浆锚连接。前者通过埋设金属波纹管的方式形成插入钢筋的孔道；后者在混凝土中埋设螺旋内模，等混凝土达到强度后将内模旋出，形成孔道。浆锚搭接连接示意图如图3-26所示。

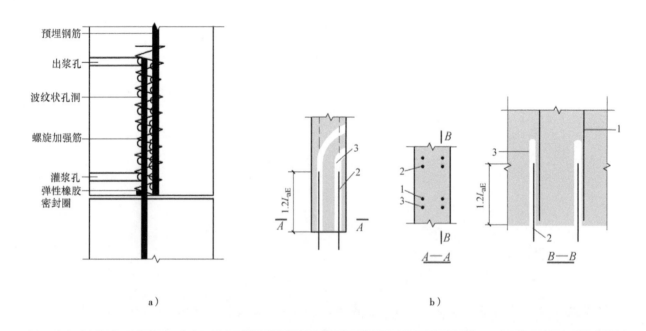

图3-26　浆锚搭接连接示意图

a）约束浆锚连接　b）金属波纹管浆锚连接
1—搭接钢筋　2—插入金属波纹管的钢筋　3—金属波纹管

　　分析图3-26可知，两种连接的区别包括两个方面：

　　约束浆锚连接采用抽芯成孔，而金属波纹管浆锚连接采用预埋金属波纹管成孔。

　　约束浆锚连接在接头范围内设置螺旋箍筋作为加强筋，而金属波纹管浆锚连接未采取加强措施。金属波纹管浆锚连接可以根据实际情况和设计要求，采用压力灌浆或重力式灌浆工艺。

　　标准规定，浆锚搭接可用于框架结构3层（不超过12m）以下，对剪力墙结构没有明确限制，只是规定如边缘构件全部采用浆锚搭接，建筑最大适用高度比现浇建筑降低30m。

　　（2）套筒灌浆连接。将预制构件断开的钢筋通过特制的钢套筒进行对接连接，钢筋与套筒内腔之间填充无收缩、高强度灌浆料，形成钢筋套筒灌浆连接，不连续钢筋之间通过灌浆料、钢套筒进行应力传递，在钢筋不连续断面，钢套筒则需要承担该截面全部应力；钢套筒对灌浆料形成有效约束，进一步提高了灌浆料与钢筋、钢套筒之间的黏结性能。

　　套筒灌浆连接的工作原理是将需要连接的带肋钢筋插入金属套筒内"对接"，在套筒内注入高强、早强且有微膨胀特性的灌浆料，灌浆料凝固后在套筒筒壁与钢筋之间形成较大压力，在钢筋带肋的粗糙表面产生摩擦力，由此来传递钢筋的轴向力。

　　套筒分为全灌浆套筒和半灌浆套筒。全灌浆套筒是接头两端均采用灌浆方式连接钢筋的套筒；半灌浆套筒是一端采用灌浆方式连接，另一端采用螺纹连接的套筒。套筒灌浆连接示意图如图3-27所示。

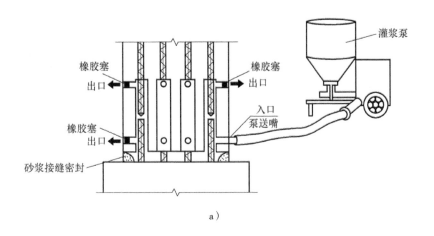

a ）

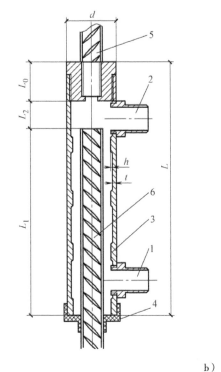

说明：

1—灌浆孔；

2—排浆孔；

3—凸起(剪力槽)；

4—橡胶塞；

5—预制端钢筋；

6—现场装配端钢筋。

尺寸：

L—灌浆套筒总长；

L_0—预制端锚固长度；

L_1—现场装配端锚固长度；

L_2—现场装配端预留钢筋调整长度；

d—灌浆套筒外径；

t—灌浆套筒壁厚；

h—凸起高度。

b ）

图 3-27　套筒灌浆连接示意

a ）全灌浆套筒　b ）半灌浆套筒

　　套筒灌浆连接是装配式混凝土建筑竖向构件连接应用最广泛，也被认为是最可靠的连接方式，水平构件如梁的连接偶尔也会用到。套筒灌浆连接可用于各种结构最大适用高度的建筑。

　　浆锚连接和套筒灌浆连接是两种完全不同的钢筋连接工艺，在连接机理、设计方法、安全性、经济适用性等方面都有各自的特点，在实际建筑中，应该有比较性的选择使用。

　　钢筋节点的锚固要求如图 3-28 所示。

2. 预制剪力墙节点连接构造

（1）预制剪力墙外墙套筒灌浆连接

1）基本尺寸：预制外墙板中承重内叶墙板厚度为 200mm。预制外墙板中保温层厚度 t 的取值范围为 30 ～ 100mm。预制外墙板中外叶墙板厚度为 60mm。

2）预制上外墙体：指上一层预制外墙体。

3）弹性防水密封材料：设置在上、下预制外墙板中保温层连接处，保护内叶墙板免受水汽侵害。

4）背衬材料：控制密封材料的嵌填深度，防止密封材料和接缝底部黏结而设置的可变形的材料。

5）密封胶：用来填充上、下预制外墙中外叶墙板间隙，以起到密封作用的胶粘剂。

6）坐浆找平：上一层预制内墙板安装前，要解决接触面平整度问题，利用砂浆填塞接触面间隙，保证墙体黏合密实。

7）砂浆围挡：上一层预制内墙板安装后、灌浆前要对墙体根部进行密实围挡，防止灌浆料外漏。

8）后浇混凝土层：指预制构件安装完成后，进行现场浇筑的混凝土层。

9）预制双向叠合板：指连接处的预制双向叠合板。

10）预留出筋：指预制下外墙体顶端与上一层墙体连接处预留的竖向钢筋。

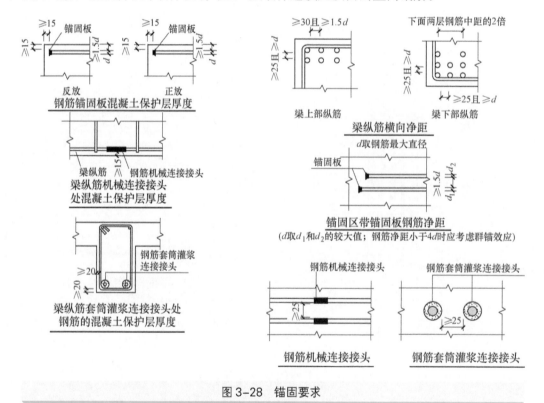

图 3-28　锚固要求

预制剪力墙外墙套筒灌浆连接节点如图 3-29 所示。

（2）预制剪力墙内墙套筒灌浆连接构造

1）基本尺寸：预制内墙板厚度为 200mm，预制内墙板水平钢筋中心线到混凝土表面距离为 35mm。预制内墙板两外侧水平钢筋中心线距离为 130mm。后浇带连接节点对应的楼板厚度为 130mm。上层内墙连接处坐浆找平厚度为 20mm，叠合板与内墙连接处叠合板为 10mm，上层内墙与下层内墙连接处现浇混凝土厚度为 140mm。

2）预制上内墙板：指上一层预制内墙板。

3）预制下内墙板：指同层预制内墙板。

4）预制双向叠合板：指连接处的预制双向叠合板。

5）后浇混凝土层：指预制构件安装完成后，进行二次浇筑的混凝土层。

预制剪力墙内墙套筒灌浆连接节点如图 3-30 所示。

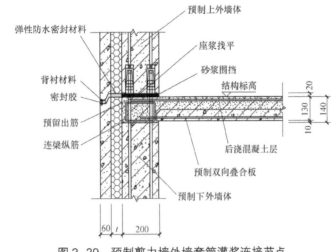

图 3-29　预制剪力墙外墙套筒灌浆连接节点

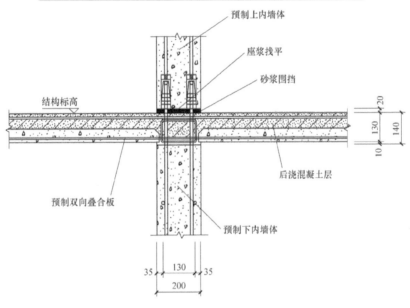

图 3-30　预制剪力墙内墙套筒灌浆连接节点

3.2.4　预制梁的节点连接构造

装配整体式混凝土框架结构中，预制梁往往采用上部现浇、下部预制的形式，预制构件工厂制造的预制梁仅为梁的下部分。梁箍筋上部分伸出预制梁顶面，在施工现场后浇混凝土之前，需安装梁顶纵筋于箍筋内。根据梁柱节点连接构造的不同，预制梁可采用底筋伸出梁端的形式，也可采用梁端保留 U 形键槽、底筋不伸出的形式。

在装配式混凝土框架结构体系中，预制梁—柱连接节点对结构性能如承载能力、结构刚度、抗震性能等往往起到决定性的作用，同时影响预制混凝土框架结构的施工可行性和建造方式，故而装配式混凝土框架的结构形式往往取决于预制梁—柱连接节点的形式。

预制梁—柱连接的形式多种多样，目前我国普遍采用的连接形式主要是节点区现浇的"湿"连接形式。根据预制梁底部钢筋连接方式不同，分为预制梁底筋锚固连接和附加钢筋搭接连接。在前者连接方式中，预制梁底外伸的纵向钢筋直接伸入节点核心区位置进行锚固，采用这种节点必须有效保证下部纵筋的锚固性能，一般做法是将锚固钢筋端部弯折形成弯钩或者在钢筋端部增设锚固端头来保证锚固质量和减少锚固长度，具体规范要求如图 3-31 所示。

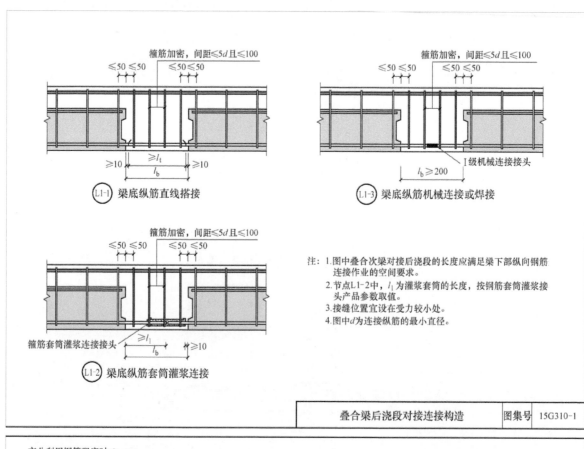

箍筋加密，间距≤5d且≤100

≤50 ≤50 | ≤50 ≤50

L1-1 梁底纵筋直线搭接

≥10 ≥l_t ≥10
l_b

箍筋加密，间距≤5d且≤100

≤50 ≤50 | ≤50 ≤50

I级机械连接接头

l_b≥200

L1-3 梁底纵筋机械连接或焊接

箍筋加密，间距≤5d且≤100

≤50 ≤50 | ≤50 ≤50

箍筋套筒灌浆连接接头
≥l_1 ≥10
l_b

L1-2 梁底纵筋套筒灌浆连接

注：1. 图中叠合次梁对接后浇段的长度应满足梁下部纵向钢筋连接作业的空间要求。
    2. 节点L1-2中，l_1为灌浆套筒的长度，按钢筋套筒灌浆接头产品参数取值。
    3. 接缝位置宜设在受力较小处。
    4. 图中d为连接纵筋的最小直径。

| 叠合梁后浇段对接连接构造 | 图集号 | 15G310-1 |

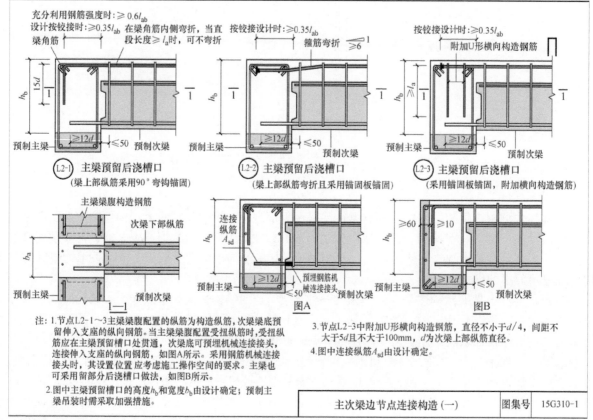

充分利用钢筋强度时：≥0.6l_{ab}
设计按铰接时：≥0.35l_{ab}
梁角筋 | 在梁角筋内侧弯折，当直段长度为l_a时，可不弯折

15d
h_b

预制主梁 ≥12d ≤50 预制次梁

L2-1 主梁预留后浇槽口
（梁上部纵筋采用90°弯钩锚固）

按铰接设计时：≥0.35l_{ab}
箍筋弯折

h_b

预制主梁 ≥12d ≤50 预制次梁

L2-2 主梁预留后浇槽口
（梁上部纵筋弯折且采用锚固板锚固）

按铰接设计时：≥0.35l_{ab}
附加U形横向构造钢筋

h_b ≥l_a

预制主梁 ≥12d ≤50 预制次梁

L2-3 主梁预留后浇槽口
（采用锚固板锚固，附加横向构造钢筋）

主梁梁腹构造钢筋 | 次梁下部纵筋

h_a

预制主梁 | 预制次梁

1—1

连接纵筋
A_{sd}
h_b

预制主梁 ≥12d 预埋钢筋机械连接接头 预制次梁

图A

≥60 ≥10

h_b

预制主梁 ≥12d ≤50 预制次梁

图B

注：1. 节点L2-1～3主梁梁腹配置的纵筋为构造纵筋，次梁梁底预留伸入支座的纵向钢筋。当主梁梁腹配置受扭纵筋时，受扭纵筋应在主梁预留槽口处贯通，次梁底可预埋机械连接接头，连接伸入支座的纵筋，如图A所示。采用钢筋机械连接接头时，其设置位置应考虑施工操作空间的要求。主梁也可采用留部分后浇槽口做法，如图B所示。
    2. 图中主梁预留槽口的高度h_b和宽度b_b由设计确定；预制主梁吊装时需采取加强措施。
    3. 节点L2-3中附加U形横向构造钢筋，直径不小于$d/4$，间距不大于5d且不大于100mm，d为次梁上部纵筋直径。
    4. 图中连接纵筋A_{sd}由设计确定。

| 主次梁边节点连接构造（一） | 图集号 | 15G310-1 |

图3-31 规范要求

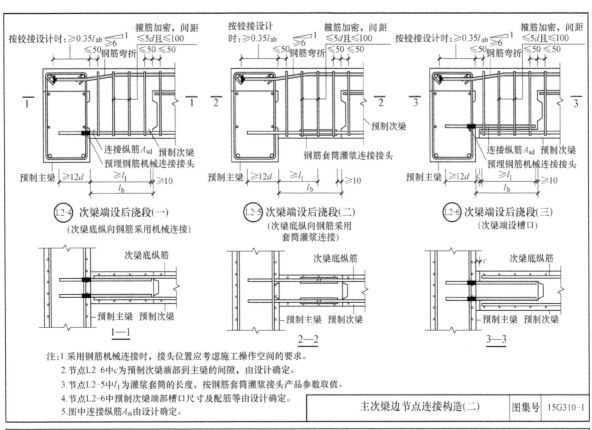

注：1.采用钢筋机械连接时，接头位置应考虑施工操作空间的要求。
　　2.节点L2-6中c为预制次梁端部到主梁的间隙，由设计确定。
　　3.节点L2-5中l_1为灌浆套筒的长度，按钢筋套筒灌浆接头产品参数取值。
　　4.节点L2-6中预制次梁端部槽口尺寸及配筋等由设计确定。
　　5.图中连接纵筋A_{sd}由设计确定。

| 主次梁边节点连接构造(二) | 图集号 | 15G310-1 |

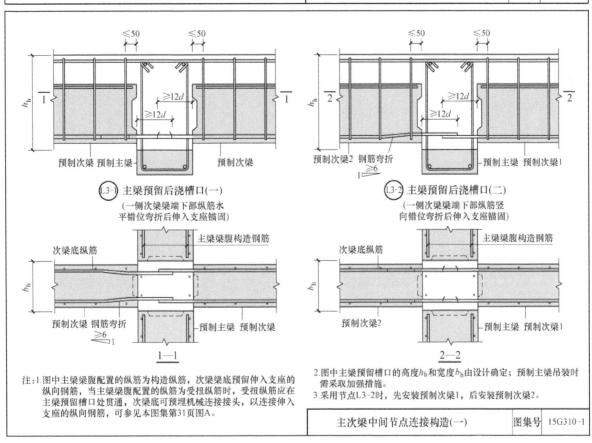

注：1.图中主梁梁腹配置的纵筋为构造纵筋，次梁梁底预留伸入支座的纵向钢筋，当主梁梁腹配置的纵筋为受扭纵筋时，受扭纵筋应在主梁预留槽口处贯通，次梁底可预埋机械连接接头，以连接伸入支座的纵向钢筋，可参见本图集第31页图A。
　　2.图中主梁预留槽口的高度h_h和宽度b_h由设计确定；预制主梁吊装时需采取加强措施。
　　3.采用节点L3-2时，先安装预制次梁1，后安装预制次梁2。

| 主次梁中间节点连接构造(一) | 图集号 | 15G310-1 |

图 3-31　规范要求（续）

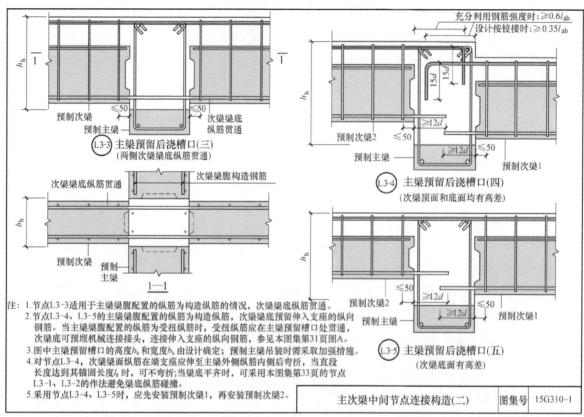

注：1. 节点L3-3适用于主梁梁腹配置的纵筋为构造纵筋的情况，次梁梁底纵筋贯通。
2. 节点L3-4、L3-5的主梁梁腹配置的纵筋为构造纵筋，次梁梁底预留伸入支座的纵向钢筋。当主梁梁腹配置的纵筋为受扭纵筋时，受扭纵筋应在主梁预留槽口处贯通，次梁底可预埋机械连接接头，连接伸入支座的纵向钢筋，参见本图集第31页图A。
3. 图中主梁预留槽口的高度 h_h 和宽度 b_h 由设计确定；预制主梁吊装时需采取加强措施。
4. 对节点L3-4，次梁梁面筋在端支座应伸至主梁外侧纵筋内侧后弯折，当其直段长度达到其锚固长度 l_a 时，可不弯折；当梁底平齐时，可采用本图集第33页的节点L3-1、L3-2的作法避免梁底纵筋碰撞。
5. 采用节点L3-4、L3-5时，应先安装预制次梁1，再安装预制次梁2。

| 主次梁中间节点连接构造(二) | 图集号 | 15G310-1 |

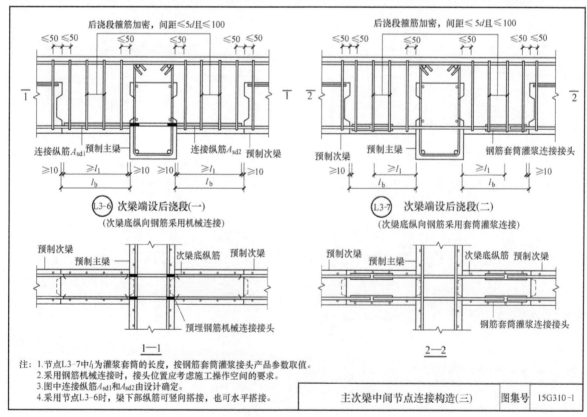

注：1. 节点L3-7中 l_1 为灌浆套筒的长度，按钢筋套筒灌浆接头产品参数取值。
2. 采用钢筋机械连接时，接头位置应考虑施工操作空间的要求。
3. 图中连接纵筋 A_{sd1} 和 A_{sd2} 由设计确定。
4. 采用节点L3-6时，梁下部纵筋可竖向搭接，也可水平搭接。

| 主次梁中间节点连接构造(三) | 图集号 | 15G310-1 |

图3-31 规范要求（续）

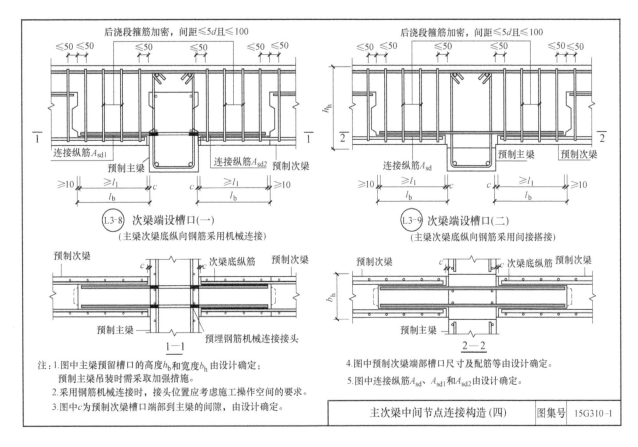

注：1. 图中主梁预留槽口的高度h_h和宽度b_h由设计确定；
　　预制主梁吊装时需采取加强措施。
2. 采用钢筋机械连接时，接头位置应考虑施工操作空间的要求。
3. 图中c为预制次梁槽口端部到主梁的间隙，由设计确定。

4. 图中预制次梁端部槽口尺寸及配筋等由设计确定。
5. 图中连接纵筋A_{sd}、A_{sd1}和A_{sd2}由设计确定。

| 主次梁中间节点连接构造（四） | 图集号 | 15G310-1 |

图 3-31　规范要求（续）

梁端与端柱连接构造：

（1）预制混凝土上柱：指上一层预制混凝土柱。

（2）预制混凝土下柱：指同层预制混凝土柱。

（3）砂浆围挡：在上一层预制内墙板安装后、灌浆前要对墙体根部进行密实围挡，防止灌浆料外漏。

（4）钢筋半灌浆套筒连接：是由专门加工的套筒、配套灌浆料和钢筋组装的组合体，在连接钢筋时通过注入快硬无收缩灌料，依靠材料之间的黏结咬合作用连接钢筋与套筒。

（5）节点区最上一组箍筋：指预制混凝土柱最上一组箍筋，在现浇混凝土叠合层梁的上部纵向钢筋安装后放置就位。

（6）节点区箍筋（梁负筋安装前放置就位）：指预制混凝土柱节点区箍筋，在现浇混凝土叠合层梁的上部纵向钢筋安装前放置就位。

（7）节点区最下第二组箍筋（吊装预制梁1/3前放置到位）：指预制混凝土柱最下第二组箍筋，在预制叠合梁1吊装前放置就位。

（8）节点区最下第一组箍筋（吊装预制梁2/3前放置到位）：指预制混凝土柱最下第一组箍筋，在吊装预制叠合梁2/3前放置就位。

（9）梁上部纵筋：指现浇混凝土叠合层梁的上部纵向负弯矩钢筋。

（10）预制叠合梁1：指预制叠合梁与端柱连接处的预制叠合梁。

预制梁与端柱连接节点图如图3-32所示。

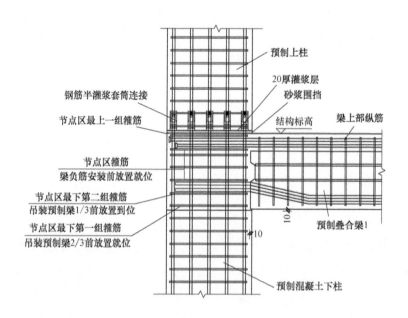

图 3-32　预制梁与端柱连接节点图

3.2.5　预制柱的节点连接构造（梁与中柱）

（1）预制混凝土上柱：指上一层预制混凝土柱。

（2）预制混凝土下柱：指同层预制混凝土柱。

（3）钢筋半灌浆套筒连接：是由专门加工的套筒、配套灌浆料和钢筋组装的组合体，在连接钢筋时通过注入快硬无收缩灌料，依靠材料之间的黏结咬合作用连接钢筋与套筒。

（4）节点区最上一组箍筋：指预制混凝土柱最上一组箍筋，在现浇混凝土叠合层梁的上部纵向钢筋安装后放置就位。

（5）节点区箍筋（梁负筋安装前放置就位）：指预制混凝土柱节点区箍筋，在现浇混凝土叠合层梁的上部纵向钢筋安装前放置就位。

（6）节点区最下第二组箍筋（吊装预制梁1/3前放置到位）：指预制混凝土柱最下第二组箍筋，在预制叠合梁1吊装前放置就位。

（7）节点区最下第一组箍筋（吊装预制梁2/3前放置到位）：指预制混凝土柱最下第一组箍筋，在吊装预制叠合梁2/3前放置就位。

（8）梁上部纵筋：指现浇混凝土叠合层梁的上部纵向负弯矩钢筋。

（9）预制叠合梁2：指预制叠合梁与中柱连接处一侧预制叠合梁。

（10）预制叠合梁3：指预制叠合梁与中柱连接处另一侧预制叠合梁。

梁与中柱连接节点图如图3-33所示。

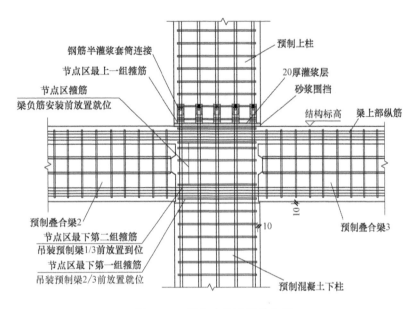

图 3-33　梁与中柱连接节点图

3.2.6　预制板式楼梯节点连接构造识图

1. 固定铰端安装节点图（图 3-34）

（1）基本尺寸：预制楼梯与梯梁之间的留缝宽度为 30mm。预制楼板销键预留洞砂浆封堵底距螺栓顶距离为 30mm。预制楼板销键预留洞砂浆封堵深度为 30mm。预制梯板与梯梁挑耳之间水平找平层厚度为 20mm。梯梁挑耳处厚度为 160mm。梯梁挑耳宽度为 200mm。

（2）注胶 30×30：预制梯板与梯梁之间的留缝上口做 30mm 厚注胶封口。

（3）PE 棒：预制楼梯与梯梁之间的留缝采用聚乙烯棒填衬。

（4）聚苯填充：预制梯板与梯梁之间的留缝使用 30mm 厚的聚苯板填充。

（5）砂浆封堵：滑动铰端螺栓螺母安装完成后，将销键预留洞口灌浆料上方的 30mm 用砂浆密实封堵。

（6）C40 级 CGM 灌浆料：水泥基灌浆材料是以高强度材料作为骨料，以水泥作为结合剂，辅以高流态、微膨胀、防离析等物质配制而成，固定铰端梯板安装就位后，灌注至销键预留洞，灌注后到洞口的距离为 30mm。

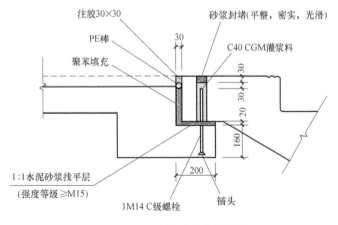

图 3-34　固定铰端安装节点图

2．滑动铰端安装节点图（图 3-35）

（1）基本尺寸：梯梁挑耳处厚度为 160mm。预制梯板与梯梁挑耳之间水平找平层厚度为 20mm。梯梁挑耳处厚度为 160mm。梯梁挑耳宽度为 200mm。预制梯板与梯梁之间的留缝宽度为 30mm。

（2）砂浆封堵：滑动铰端螺栓螺母安装完成后，将销键预留洞灌浆料上方的 30mm 用砂浆密实封堵。

（3）油毡一层：预制梯板与梯梁挑耳之间水平缝铺油毡一层。

（4）锚头：螺栓锚头利用受力钢筋端部锚头对混凝土的局部挤压作用加大锚固承载力，并和螺栓组合预埋在梯梁支座处。

（5）注胶 30×30：预制梯板与梯梁之间的留缝上口的 30mm 厚使用注胶封口。

（6）PE 棒：预制楼梯与梯梁之间的留缝采用聚乙烯棒填衬。

（7）聚苯填充：预制梯板与梯梁之间的留缝使用 30mm 厚的聚苯板填充。

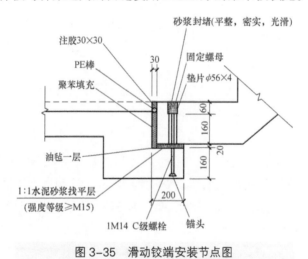

图 3-35　滑动铰端安装节点图

3.2.7　墙柱构件"T 型"连接方式

1．外柱墙构件"T 型"连接形式

（1）外柱墙构件"T 型"连接是通过现浇节点将竖向构件拼接到一起。

（2）构件伸出钢筋伸入到现浇节点中，钢筋长度应满足规范规定的要求。

（3）构件钢筋与现浇节点钢筋应绑扎牢固，保证连接可靠性，如图 3-36 所示。

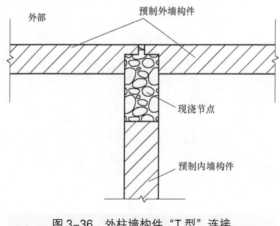

图 3-36　外柱墙构件"T 型"连接

2．内柱墙构件"T 型"连接形式

（1）内柱墙构件"T 型"连接是通过现浇节点将竖向构件拼接到一起。

（2）T 型顶端构件施工时将伸入现浇节点的钢筋预埋到构件中，构件施工完成后，经剔凿后弯出，与现浇部位钢筋连接，钢筋伸出长度应满足规范规定的要求。

（3）构件钢筋与现浇节点钢筋应绑扎牢固，保证连接的可靠性。

（4）剔凿钢筋应先弹墨线，沿墨线剔凿整齐。

本章小结

本章重点介绍了几种常见的 PC 构件，包括基本尺寸、配筋情况。通过这部分的学习，希望读者可以结合部分图集和规范的内容，掌握各种类型的预制构件的模板图、配筋图；不同构件之间的连接安装规则，为后面装配式建筑的识图有更深一层的理解。

第4章

装配式建筑拆分设计

4.1　装配式结构拆分设计

4.1.1　构件拆分原则

与常规建筑相比，PC 建筑设计深度前移，要考虑同步、一体化的设计过程，设计的合理性、经济性受生产、运输、施工等环节的制约和影响；工业化建筑在设计阶段，所有部品、构件的设计文件都已深化设计完成，设计还会对其多种样品、详细报价进行比较、选择，工业化项目的 PC 构件拆分以设计图样作为制作、生产的依据，设计的合理性直接影响项目的成本。在各种设计状况下，装配整体式结构可采用与现浇混凝土结构相同的方法进行结构分析，即所谓的"等同现浇"。当同层内既有预制又有现浇抗侧力构件时，地震设计状况下宜对现浇抗侧力构件在地震作用下的弯矩和剪力进行适当放大，保证预制构件与现浇混凝土的可靠连接；可靠连接不仅包含钢筋的连接处理，还包括预制混凝土与现浇混凝土结合面的连接处理，并使预制构件的受力与传力简单、明确。前期拆分方案考虑成熟会使后期项目进程较为顺利。

拆分设计图纸主要包括构件拆分深化设计说明、项目工程平面拆分图、项目工程拼装节点详图、项目工程墙身构造详图、构件结构详图、构件细部节点详图、构件吊装详图、构件预埋件埋设详图以及所需预留洞口情况。

建筑产业化的核心是生产工业化，生产工业化的关键是设计标准化，其最核心的环节是建立一整套具有适应性的模数以及模数协调原则。设计中据此优化各功能模块的尺寸和种类，使建筑部品实现通用性和互换性，保证房屋在建设过程中，在功能、质量、技术和经济等方面获得最优的方案，促进建造方式从粗放型向集约型转变。

实现标准化的关键点则是体现在对构件的科学拆分上。预制构件的科学拆分对建筑功能、建筑平立面、结构受力状况、预制构件承载能力、工程造价等都会产生影响。根据功能与受力的不同，构件主要分为垂直构件、水平构件及非受力构件。垂直构件主要是预制剪力墙、柱等，水平构件主要包括预制楼板、预制阳台空调板、预制楼梯等；非受力构件包括轻质内隔墙板、外挂墙板及丰富建筑外立面、提升建筑整体美观性的装饰构件等。

对构件的拆分主要考虑 5 个因素：①受力合理；②符合制作、运输和吊装的要求；③满足预制构件配筋构造的要求；④满足连接和安装施工的要求；⑤符合预制构件标准化设计的要求，尽量减少构件规格，达到"少规格、多组合"的目的。

拆分工作主要包括：

（1）确定现浇与预制的范围、边界。《装配式混凝土结构技术规程》（JGJ 1—2014）（以下简称《装规》）6.1.8 条规定了高层装配整体式结构的现浇部位如下：

1）宜设置地下室，地下室宜采用现浇混凝土。

2）剪力墙结构底部加强部位的剪力墙宜采用现浇混凝土。

3）框架结构首层柱采用现浇混凝土，顶层采用现浇楼盖结构。

《装规》6.1.9条规定：

1）当采用部分框支剪力墙结构时，底部框支层不宜超过2层，且框支层及相邻上一层应采用现浇结构。

2）部分框支剪力墙以外的结构中，转化梁、转化柱宜现浇。

（2）确定结构构件的拆分部位。

（3）确定后浇区与预制构件之间的关系，包括相关预制构件的关系。例如，确定楼盖为叠合板，由于叠合板钢筋需要伸到支座中进行锚固，支座梁相应地也必须有叠合层。

（4）确定构件之间的拆分位置，如柱、梁、墙、板构件的分缝处。

装配式混凝土建筑比现浇混凝土建筑增加了三项设计：拆分设计、预制构件设计和连接节点设计。装配式建筑拆分是设计的关键环节，拆分时，要考虑多方面因素，包括建筑功能性、结构合理性、制作运输安装环节的可行性和便利性。拆分不仅是技术工作，也包含对外部条件的调研和经济性的分析。从受力和经济的角度考虑，拆分应满足以下原则：

1）结构拆分应考虑结构的合理性，如叠合楼板按单向还是双向考虑。

2）构件接缝宜选在应力较小部位。

3）尽可能减少构件规格和连接节点种类。

4）宜与相邻的相关构件拆分协调一致，如叠合板拆分与其支座梁的拆分需要协调。

5）充分考虑预制构件的制作、运输、安装各环节对预制构件拆分设计的限制，遵循受力合理、连接简单、施工方便、少规格、多组合的原则。

4.1.2 构件拆分方法

1. 柱的拆分

柱一般按层高进行拆分。根据《预制预应力混凝土装配整体式框架结构技术规程》（JGJ 224—2010）中的相关规定，柱可以拆分为单节柱和多节柱，如图4-1所示。由于多节柱的脱膜、运输、吊装、支撑都比较困难，且吊装过程中钢筋连接部位易变形，使构件的垂直度难以控制。设计中，柱常按照层高拆分为单节柱，以保证柱垂直度的控制调节，简化预制柱的制作、运输及吊装，保证质量。

a）   b）

图4-1 预制柱

a）多节柱 b）单节柱

2. 梁的拆分

装配式框架结构中的梁包括主梁和次梁。主梁一般按柱网拆分为单跨梁，当跨距较小时，可拆分为双跨梁；次梁以主梁间距为单元拆分为单跨梁。叠合梁主梁叠合层厚度不宜小于 150mm，次梁叠合层厚度不宜小于 120mm。门窗洞口上方的连梁与剪力墙一起预制，预制梁与后浇混凝土叠合层之间的结合面应设置粗糙面，且在梁的端面设置键槽以增加抗剪强度。

3. 楼板的拆分

根据楼板的长宽比值，楼板可以拆分单向叠合板和双向叠合板。拆分为单向叠合板时，楼板沿非受力方向划分，预制底板采用分离式接缝，可在任意位置拼接；拆分为双向叠合板时，预制底板之间采用整体式接缝，接缝位置宜设置在叠合板的次要受力方向上且该处受力较小，预制底板间宜设置 300mm 宽度后浇带用于预制板底钢筋连接。考虑跨中受力较大，应将板拆成奇数块板，避免后浇带处于跨中，如图 4-2 所示。

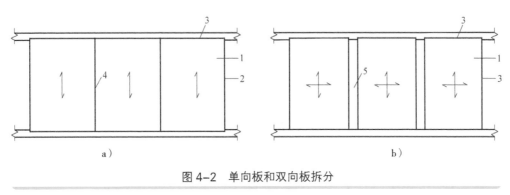

图 4-2　单向板和双向板拆分

a）单向板　b）双向板

1—预制叠合楼板　2—板侧支座　3—板端支座　4—板侧分离式拼接　5—板侧整体式拼接

为方便货车运输，预制底板宽度一般不超过 3m，跨度一般不超过 5m。在一个房间内，预制底板应尽量选择等宽度拆分，以减少预制底板的类型。当楼板跨度不大时，板缝可设置在有内隔墙的部位，这样板缝在内隔墙施工完成后可不用再处理。预制底板的拆分还需考虑房间照明位置，一般来说，板缝要避开灯具位置。卫生间、强弱电管线密集处的楼板一般采用现浇混凝土楼板的方式。

预制底板的厚度，根据预制过程、吊装过程以及现场浇筑过程的荷载确定。一般来说，预制底板厚度取 60mm，现浇混凝土厚度应不小于 70mm。

叠合板拆分要点：在板的次要受力方向拆分，板缝垂直于板的长边；在板的受力小的部位拆分；板的宽度不应超过运输超宽的限制和工厂生产线台模宽度的限制；尽可能统一或减少板的规格；预制板的拆分还需考虑房间照明位置，一般来说，板缝要避开灯具位置。卫生间、强弱电管线密集处的楼板一般采用现浇混凝土楼板的方式。

4. 外挂墙板的拆分

外挂墙板是装配式混凝土框架结构上的非承重外围护挂板，其拆分仅限于一个层高和一个开间。外挂墙板的几何尺寸要考虑到施工、运输等条件。当构件尺寸过长或过高时，主体结构层间位移对其内力的影响也较大。

外挂墙板拆分的尺寸应根据建筑立面的特点，将墙板接缝位置与建筑立面相对应起来，既要满足墙板的尺寸控制要求，又要将接缝构造与立面要求结合起来，如图 4-3 所示。

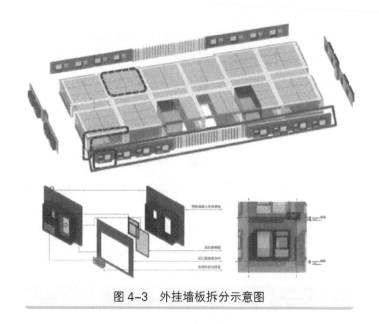

图4-3　外挂墙板拆分示意图

5. 楼梯的拆分

剪刀楼梯宜以一跑楼梯为单元进行拆分。为减轻预制混凝土楼梯板的重量，可考虑将剪刀楼梯设计成梁式楼梯。不建议为减轻预制混凝土楼梯板的重量而在楼梯板中部设置梯梁，采用这种拆分方式时，楼梯安装速度慢，且连接构造复杂。

双跑楼梯半层处的休息平台板，可以现浇，也可以与楼梯板一起预制，或者做成60mm+60mm的叠合板。

预制楼梯板宜采用一端固定铰支座，一端滑动铰支座的方式连接，其转动及滑动变形能力要满足结构层间变形的要求，且预制楼梯端部在支承构件上的最小搁置长度应符合表4-1的要求。

表4-1　预制楼梯端部在支承构件上的最小搁置长度

抗震设防烈度	7度	8度
最小搁置长度/mm	100	100

6. 剪力墙的拆分

1）对于装配式剪力墙结构，L形、T形等外部或内部剪力墙墙身长度不小于1000mm时，墙身一般预制，但其边缘构件处现浇。外隔墙一般为预制。

2）边缘构件现浇，基于以下因素设计：受力的角度，边缘构件为重要受力部位应该现浇；边缘构件两端一般为梁的支座，梁钢筋在此部位锚固，应该做成现浇。

3）预制外墙比较短或全部都开窗或者门洞时，预制外墙可以与相邻剪力墙的边缘构件（暗柱）一起预制，将现浇部分向内移。

4）如果预制长度太短，在满足起吊总重量的前提下，该范围内的剪力墙可以与边缘构件及外隔墙一起预制，以减少装配构件的个数。

5）L形、T形等形状的外部或内部剪力墙中，暗柱长度范围内平面外没有与之垂直相交的梁时，如果满足起吊重量，暗柱与相邻的外隔墙、墙身进行预制。

6）外隔墙或内隔墙垂直方向一侧有剪力墙与之垂直相交时，如果满足起吊重量，可将隔墙连成一块，方便吊装与施工。

预制剪力墙平面布置图识图　　预制桁架叠合板平面布置图识图

4.2　装配式剪力墙结构拆分实例

三好装配式建筑识图软件中给出了装配式剪力墙结构的拆分实例，其装配式剪力墙结构平面布置图如图 4-4 所示。

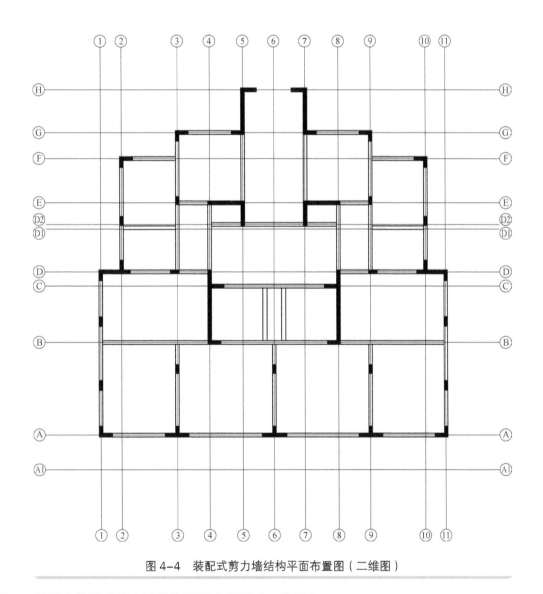

图 4-4　装配式剪力墙结构平面布置图（二维图）

图 4-5 所示为装配式剪力墙结构平面布置图（三维图）。

图 4-6 所示为装配式剪力墙结构叠合板拆分平面图。

图 4-7 所示为装配式剪力墙结构装配后的剪力墙（三维图），其中深色部分表示现浇区域。

图 4-8 所示为预制剪力墙的构件详图。

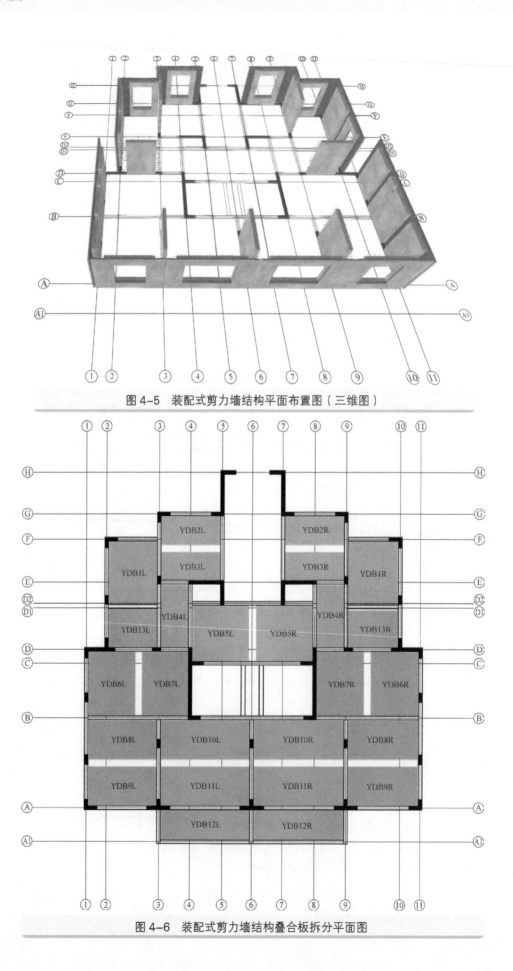

图 4-5　装配式剪力墙结构平面布置图（三维图）

图 4-6　装配式剪力墙结构叠合板拆分平面图

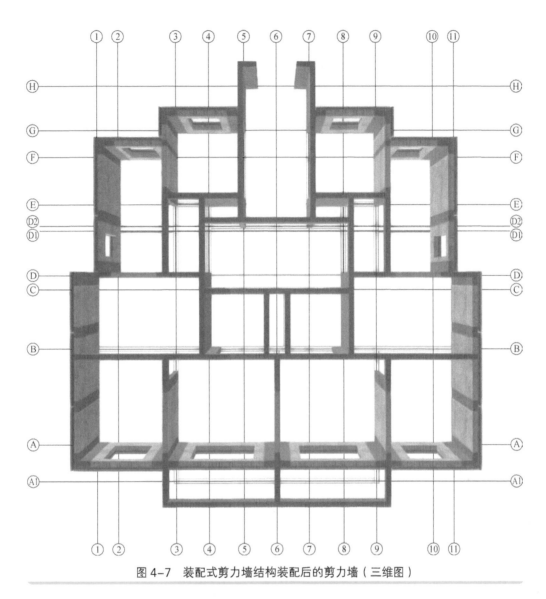

图 4-7　装配式剪力墙结构装配后的剪力墙（三维图）

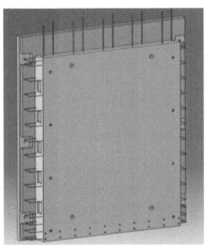

图 4-8　预制剪力墙的构件详图

表 4-2、表 4-3 所列为拆分后各预制构件的汇总表，表中详细列出了各构件的编号、尺寸、位置、

数量及重量。

表 4-2　预制墙板构件列表

序号	构件编号	位置	尺寸（长 × 高 × 厚）/mm × mm × mm	数量	重量 /t
1	YWQ1L	A 轴交 1 轴到 3 轴	2300 × 2800 × 200（1500 × 1800）　3370 × 2980 × 60（外叶）	1	3.00
2	YWQ1R	A 轴交 9 轴到 11 轴	2300 × 2800 × 200（1500 × 1800）　3370 × 2980 × 60（外叶）	1	3.00
3	YWQ2L	A 轴交 3 轴到 6 轴	3200 × 2800 × 200（2400 × 1800）　4180 × 2980 × 60（外叶）	1	2.63
4	YWQ2R	A 轴交 6 轴到 9 轴	3200 × 2800 × 200（2400 × 1800）　4180 × 2980 × 60（外叶）	1	2.63
5	YWQ3L	1 轴交 A 轴到 B 轴	1500 × 2800 × 200　2310 × 2980 × 60（外叶）	1	3.15
6	YWQ3R	11 轴交 A 轴到 B 轴	1500 × 2800 × 200　2310 × 2980 × 60（外叶）	1	3.15
7	YWQ4L	1 轴交 A 轴到 B 轴	2300 × 2800 × 200　2680 × 2980 × 60（外叶）	1	4.43
8	YWQ4R	11 轴交 A 轴到 B 轴	2300 × 2800 × 200　2680 × 2980 × 60（外叶）	1	4.43
9	YWQ5L	1 轴交 B 轴到 D 轴	1500 × 2800 × 200　2210 × 2980 × 60（外叶）	1	3.15
10	YWQ5R	11 轴交 B 轴到 D 轴	1500 × 2800 × 200　2210 × 2980 × 60（外叶）	1	3.15
11	YWQ6L	2 轴交 D 轴到 D1 轴	1450 × 2800 × 200（1050 × 1800）　2040 × 2980 × 60（外叶）	1	2.13
12	YWQ6R	10 轴交 D 轴到 D1 轴	1450 × 2800 × 200（1050 × 1800）　2040 × 2980 × 60（外叶）	1	2.13
13	YWQ7L	2 轴交 E 轴到 F 轴	2050 × 2800 × 200　2860 × 2980 × 60（外叶）	1	4.15
14	YWQ7R	10 轴交 E 轴到 F 轴	2050 × 2800 × 200　2860 × 2980 × 60（外叶）	1	4.15
15	YWQ8L	F 轴交 2 轴到 3 轴	1800 × 2800 × 200（1200 × 1800）　2380 × 2980 × 60（外叶）	1	2.43
16	YWQ8R	F 轴交 9 轴到 10 轴	1800 × 2800 × 200（1200 × 1800）　2380 × 2980 × 60（外叶）	1	2.43
17	YWQ9L	G 轴交 3 轴到 5 轴	1850 × 2800 × 200（1200 × 1800）　2830 × 2980 × 60（外叶）	1	2.70
18	YWQ9R	G 轴交 7 轴到 9 轴	1850 × 2800 × 200（1200 × 1800）　2830 × 2980 × 60（外叶）	1	2.70
19	YWQ10L	3 轴交 E 轴到 G 轴	2300 × 2800 × 200　2860 × 2980 × 60（外叶）	1	4.15
20	YWQ10R	9 轴交 E 轴到 G 轴	2300 × 2800 × 200　2860 × 2980 × 60（外叶）	1	4.15
21	YNQ1	D 轴交 2/9 轴到 3/10 轴	1700 × 2800 × 200	2	2.38
22	YNQ2	3/6/8 轴交 A 轴到 B 轴	2200 × 2800 × 200	3	3.08

表 4-3　预制叠合板构件列表

序号	构件编号	位置	尺寸（长 × 高 × 厚）/mm × mm × mm	数量	重量 /t
1	YDB1L	E–F 轴交 2–3 轴	2820 × 2220 × 60	1	0.94
2	YDB1R	E–F 轴交 9–10 轴	2820 × 2220 × 60	1	0.94
3	YDB2L	F–G 轴交 3–5 轴	2670 × 1260 × 60	1	0.50
4	YDB2R	F–G 轴交 7–9 轴	2670 × 1260 × 60	1	0.50
5	YDB3L	E–F 轴交 3–5 轴	2670 × 1260 × 60	1	0.50
6	YDB3R	E–F 轴交 7–9 轴	2670 × 1260 × 60	1	0.50
7	YDB4L	D–E 轴交 3–4 轴	2720 × 1220 × 60	1	0.50
8	YDB4R	D–E 轴交 7–8 轴	2720 × 1220 × 60	1	0.50
9	YDB5L	C–E 轴交 4–6 轴	2560 × 2420 × 60	1	0.93
10	YDB5R	C–E 轴交 6–8 轴	2560 × 2420 × 60	1	0.93
11	YDB6L	B–D 轴交 1–3 轴	2820 × 2110 × 60	1	0.89
12	YDB6R	B–D 轴交 9–11 轴	2820 × 2110 × 60	1	0.89
13	YDB7L	B–D 轴交 3–4 轴	2820 × 2110 × 60	1	0.89
14	YDB7R	B–D 轴交 8–9 轴	2820 × 2110 × 60	1	0.89
15	YDB8L	A–B 轴交 1–3 轴	3120 × 1710 × 60	1	0.80
16	YDB8R	A–B 轴交 9–11 轴	3120 × 1710 × 60	1	0.80
17	YDB9L	A–B 轴交 1–3 轴	3120 × 1710 × 60	1	0.80
18	YDB9R	A–B 轴交 9–11 轴	3120 × 1710 × 60	1	0.80
19	YDB10L	A–B 轴交 3–6 轴	4020 × 1710 × 60	1	0.41
20	YDB10R	A–B 轴交 6–9 轴	4020 × 1710 × 60	1	0.41
21	YDB11L	A–B 轴交 3–6 轴	4020 × 1710 × 60	1	0.41
22	YDB11R	A–B 轴交 6–9 轴	4020 × 1710 × 60	1	0.41
23	YDB12L	A1–A 轴交 3–6 轴	4020 × 1320 × 60	1	0.80
24	YDB12R	A1–A 轴交 6–9 轴	4020 × 1320 × 60	1	0.80
25	YDB13L	D–D1 轴交 2–3 轴	2220 × 1620 × 60	1	0.55
26	YDB13R	D–D1 轴交 9–10 轴	2220 × 1620 × 60	1	0.55

本章小结

本章主要讲述了装配式建筑构件拆分的原则和方法，并给出了一个装配式剪力墙结构的拆分实例。通过本章的学习，加深读者对装配式结构体系的理解与把握。

第5章

三好装配式建筑识图软件功能及操作

5.1 登录模块

5.1.1 使用账号密码登录

功能：输入正确的用户名、密码和 IP 地址就可以进入三好装配式建筑识图系统。

操作：用户名和密码在三好用户管理系统中设置，IP 地址为部署三好用户管理系统的电脑 IP、端口号，最后单击"登录"按钮，如图 5-1 所示。

图 5-1　登录界面

5.1.2 离线模式登录

功能：在没有网络的情况下，用户依旧可以在三好装配式建筑识图系统进行练习，方便学生更加熟悉学习内容。

操作：如图 5-1 所示，选择"离线"模式，单击"登录"按钮。

5.2 退出软件

单击右上角"退出"按钮，提示是否退出，单击"确定"按钮，即可退出软件，如图 5-2 所示。

图 5-2　退出软件

5.3　模块功能及操作

　　主界面功能： 三好装配式建筑识图系统分四大体系，包括预制构件识图、预制构件连接节点识图、装配式建筑识图、装配式案例识图；预制构件识图体系下分 7 个构件，预制构件连接节点识图下分 10 个连接节点，装配式建筑识图下分两种构件组合体，装配式案例识图下分两套装配案例实训。

　　操作： 将鼠标放在四大体系标识上滑动，选中一个体系，单击出现在体系下的分类，如图 5-3 所示。

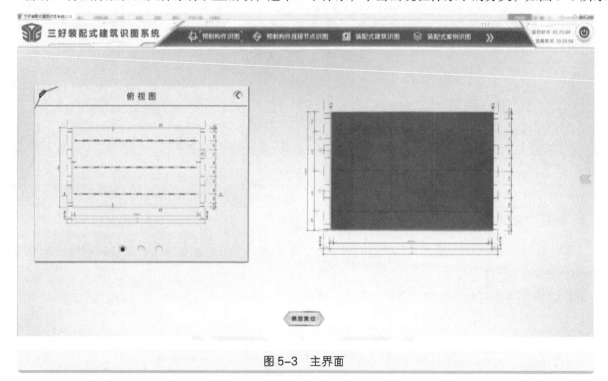

图 5-3　主界面

5.4 预制构件识图

5.4.1 配筋图－配筋平面图

三好装配式建筑识图系统配筋平面图，如图 5-4 所示。

（1）单击配筋平面图剖切符号，剖切图以对应位置、模型以相对应角度展示。

（2）单击二维配筋平面图及剖切图中标注，钢筋编号，构造解释及钢筋表中的钢筋编号，模型对应的尺寸、钢筋、构造呈高亮显示。

（3）滑动鼠标滚轮，二维配筋平面图及剖切图或表可放大或缩小。单击鼠标左键可拖动图样或表的窗口，鼠标在右下角拉动可放大或缩小窗口。

（4）单击模型中构件，可语音显示构件名称及说明。

（5）单击模型中构件，图样呈高亮显示。

（6）滑动鼠标滚轮模型可放大、缩小或旋转，单击模型复位可使模型回到初始位置及角度。

（7）单击右侧"二维图纸"和"三维模型"按钮或者配筋平面图的收缩或展开按钮可控制图样和模型的显示或隐藏。

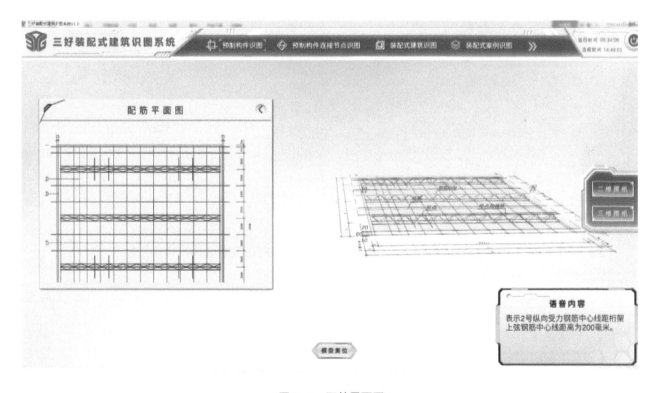

图 5-4　配筋平面图

5.4.2 配筋图－钢筋表

三好装配式建筑识图系统钢筋表，如图 5-5 所示。

（1）单击钢筋表中钢筋编号，模型中对应的钢筋呈高亮显示。

（2）滑动鼠标滚轮，钢筋表可放大或缩小。单击鼠标左键可拖动钢筋表的窗口，单击钢筋表右下角或右上角可以改变钢筋表窗口大小。

（3）单击模型中钢筋编号，可语音显示构件名称及说明。

（4）单击模型中钢筋编号，钢筋表可呈高亮显示。

（5）滑动鼠标滚轮模型可放大、缩小或旋转，按钮单击模型复位可使模型回到初始位置及角度。

（6）单击右侧"二维图纸"和"三维模型"按钮或者钢筋表的收缩或展开按钮可控制图纸或表和模型的显示或隐藏。

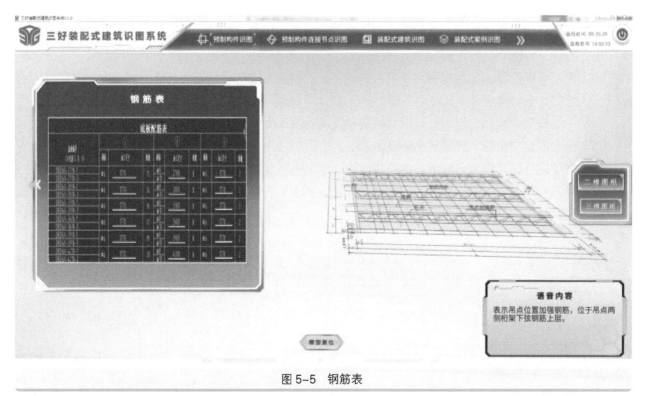

图 5-5　钢筋表

5.4.3　模板图－三视图

三好装配式建筑识图系统三视图，如图 5-6 所示。

（1）单击主视图、顶视图、底视图、侧视图等后，模型角度会以对应的角度出现。

（2）单击二维模板图中标注，模型对应构件呈高亮显示。

（3）滑动鼠标滚轮，二维模板图或表可放大或缩小。单击鼠标左键可拖动图纸或表的窗口，鼠标在右下角拉动可放大或缩小窗口。

（4）单击模型中构件，可语音显示构件名称及说明。

（5）单击模型中构件，图样可呈高亮显示。

（6）滑动鼠标滚轮模型可放大、缩小或旋转，单击模型复位可使模型回到初始位置及角度。

（7）单击右侧"二维图纸"和三维模型的"收缩"或"展开"按钮或者三视图的收缩或展开按钮可控制图纸或表和模型的显示或隐藏。

5.4.4　模板图－预埋件表

三好装配式建筑识图系统预埋件表，如图 5-7 所示。

（1）单击预埋件表中预埋件编号，模型中对应的预埋件呈高亮显示。

（2）滑动鼠标滚轮，预埋件表可放大或缩小，单击鼠标左键可拖动图纸或表的窗口，鼠标在右下角拉动可放大或缩小窗口。

（3）单击模型中预埋件，可语音显示构件名称及说明。

（4）单击模型中预埋件，预埋件表可呈高亮显示。

（5）滑动鼠标滚轮模型可放大、缩小或旋转，单击模型复位可使模型回到初始位置及角度。

（6）单击右侧"二维图纸"和"三维模型"按钮或者预埋件表的收缩或展开按钮可控制图纸或表和模型的显示或隐藏。

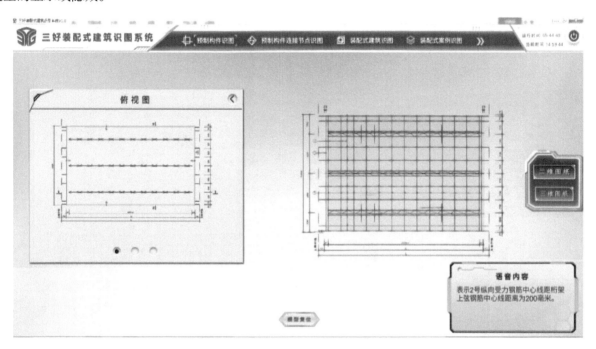

图 5-6　三视图

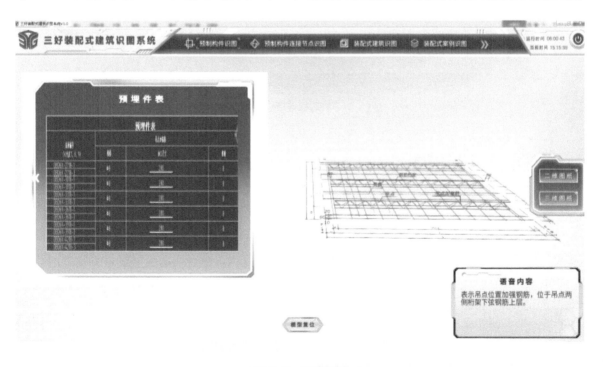

图 5-7　预埋件表

5.5 预制构件连接节点识图

预制构件连接节点图如图 5-8 所示。

（1）单击主页面的预制构件连接节点识图，再单击需要查看的节点类型，即可出现对应的图样和模型。

（2）在图纸上滑动鼠标滚轮，图纸可放大或缩小，单击鼠标左键可拖动图纸或表的窗口，鼠标在右下角拉动可放大或缩小窗口。

（3）单击图纸构造名称，模型中相对应的构造模型呈高亮显示，并出现对应的文字和语音解释。

（4）单击某一构造名称时，模型中的混凝土内包裹的钢筋，可能出现透明、隐藏或虚化的效果。

（5）滑动鼠标滚轮模型可放大、缩小或旋转，单击模型复位可使模型回到初始位置及角度。

（6）单击右侧"二维图纸"和"三维模型"按钮或者图纸的收缩或展开按钮可控制图纸或表和模型的显示或隐藏。

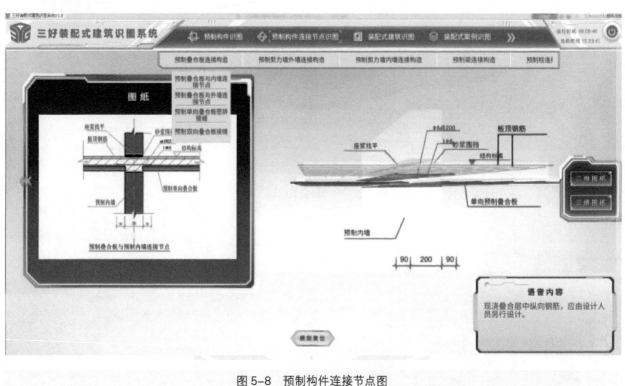

图 5-8　预制构件连接节点图

5.6 装配式建筑识图

（1）单击"进入"模块出现对应的图纸和模型，如图 5-9 所示。

（2）单击图纸构件，图纸和模型中对应部分会呈高亮显示，并伴随文字和语音解释，如图 5-12 所示。

（3）单击模型中的构件，模型和平面图纸中相对应构件呈高亮显示，如图 5-10 所示。

（4）在图纸上滑动鼠标滚轮，图纸可放大或缩小，单击鼠标左键可拖动图纸或表的窗口，鼠标在右下角拉动可放大或缩小窗口。

（5）单击模型中构件，再单击鼠标右键，可显示构件信息表，如图 5-11 所示。

（6）滑动鼠标滚轮模型可移动、放大、缩小或旋转。单击模型复位可使模型回到初始位置及角度。

（7）单击右侧"二维图纸"和"三维模型"标识或者构件列表的收缩或展开按钮可控制图纸或表和模型的显示或隐藏。

（8）鼠标在构件列表上移动，单击标红色框的内容后模型中对应部分也会呈高亮显示，如图 5-11 所示。

（9）单击图 5-9 中的"模型拆分"按钮，"模型拆分"按钮变为"模型合并"，同时合并的模型进行拆分展示，如图 5-12 所示，单击"模型合并"按钮，拆分的模型进行合并操作。

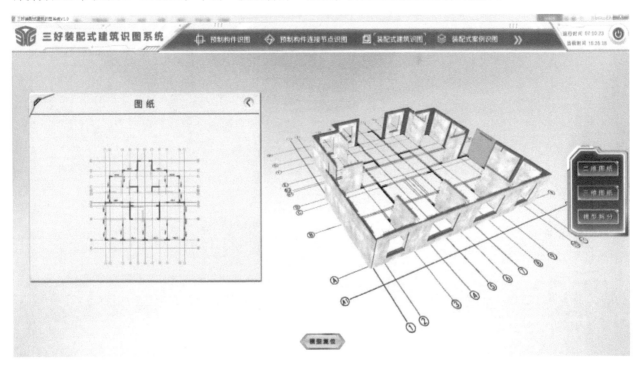

图 5-9　装配式建筑识图（一）

图 5-10　装配式建筑识图（二）

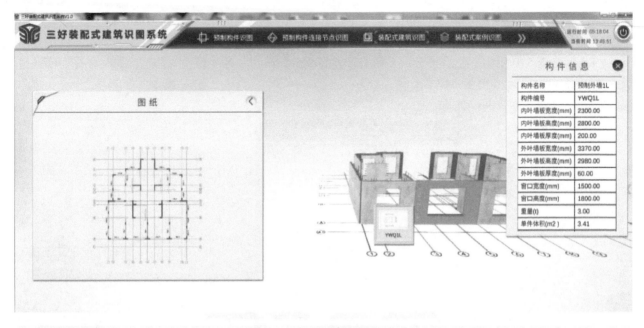

图 5-11　装配式建筑识图（三）

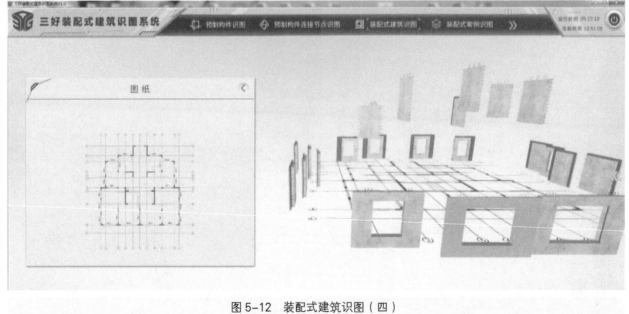

图 5-12　装配式建筑识图（四）

5.7　装配式案例识图

（1）在系统中可以从构件列表提取构件，在三维场景构件相应位置放置，若放置正确显示该构件三维模型，若放置错误构件返回构件库，如图 5-13 所示。

（2）单击构件列表的"缩进与展开"按钮可以隐藏或显示构件列表，如图 5-13 所示。

（3）单击右侧的"二维视图"与"三维视图"按钮可切换到二维视图展示或三维视图展示，实现平面及立体全方位展示装配式建筑，如图 5-13 所示。

（4）单击"动画视频"按钮播放动画，展示装配式建筑装配施工全过程。单击"退出动画"按钮停止播放动画，退出播放界面如图 5–14 所示。

（5）组装过程中关键步骤会出现试题，可以进行答题，如图 5–15 所示。

（6）组装过程中可以打开参考图纸进行参考，也可以放大或缩小、拖动图纸，还可以拖动、放大或缩小、关闭图纸窗口，如图 5–13 所示。

（7）组装完成后，统计实训成绩，如图 5–16 所示。

（8）统计实训成绩后，显示试题解析，如图 5–17 所示。

（9）滑动鼠标滚轮模型可放大、缩小或旋转，单击模型复位可使模型回到初始位置及角度。

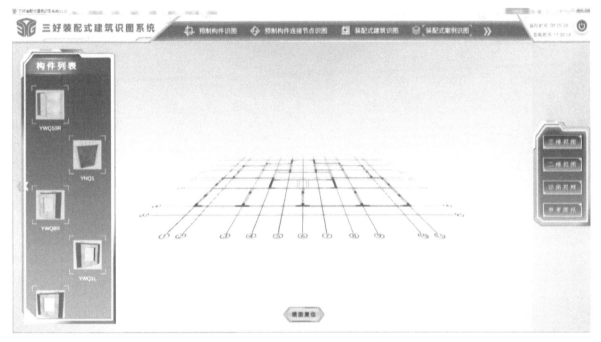

图 5–13　装配式案例识图主页面

图 5–14　装配式案例识图动画视频

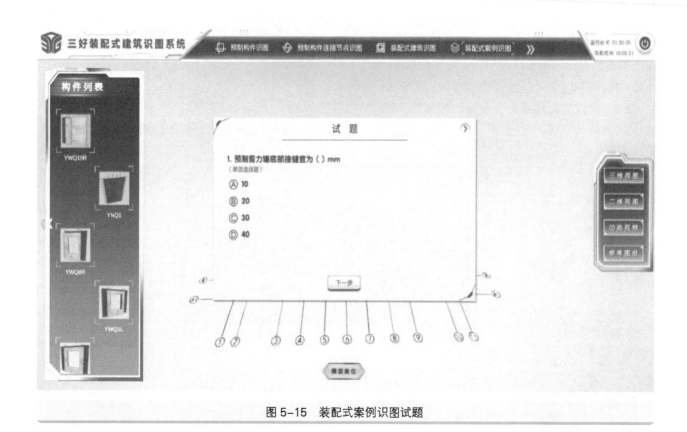

图 5-15　装配式案例识图试题

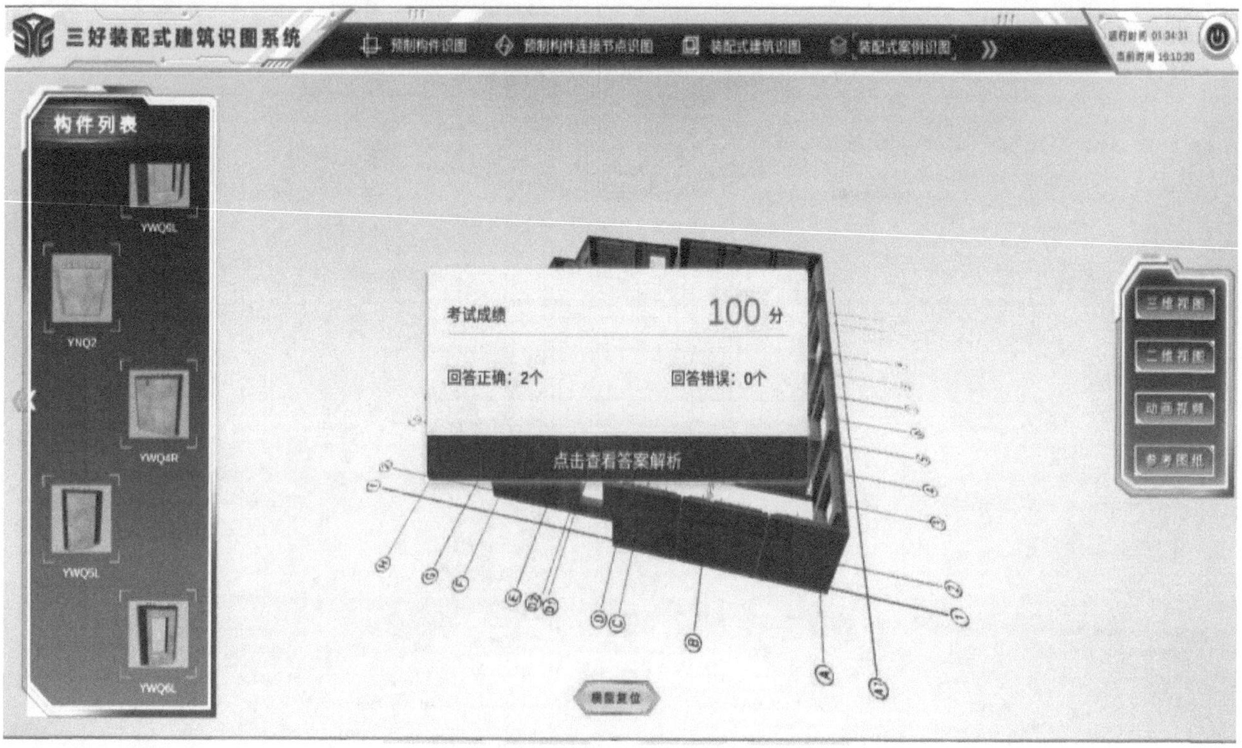

图 5-16　装配式案例识图实训成绩

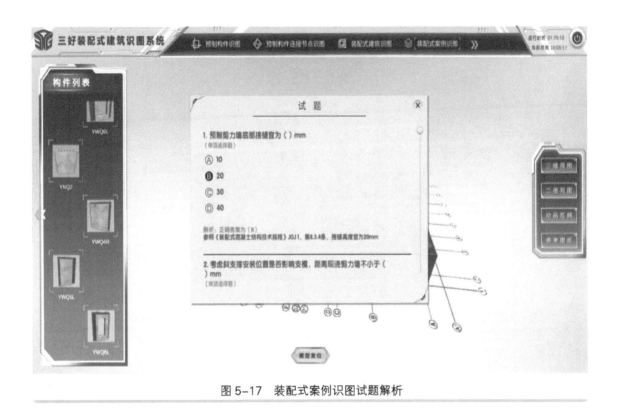

图 5-17　装配式案例识图试题解析

5.8　系统功能模块

单击装配式案例识图后的"箭头"按钮，出现如图 5-18 所示的系统功能列表，可以进行相应的操作。

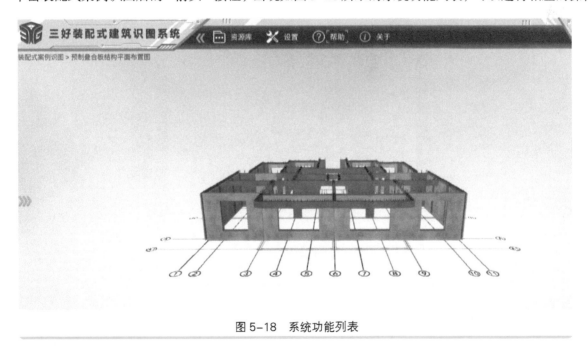

图 5-18　系统功能列表

5.8.1　系统设置

单击系统功能列表中的"设置"按钮，打开系统设置页面，如图 5-19 所示，可以调节亮度、音量、灵敏度、平滑度、画质以及分辨率等内容，调整完成后单击"保存设置"按钮，系统将设置成功，单击"默认恢复"按钮可回到初始设置。

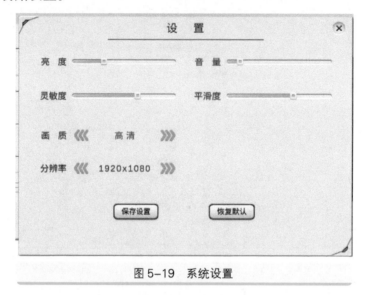

图 5-19　系统设置

5.8.2　帮助

单击系统功能列表中的"帮助"按钮，打开帮助页面，如图 5-20 所示，可以查看软件内相关帮助文档。可以对文档进行放大或缩小、翻页等操作。鼠标放在窗口右下角位置，拖动窗口可以放大窗口。

图 5-20　帮助窗口页面

5.8.3　关于

单击系统功能列表中的"关于"按钮，打开关于页面，如图 5-21 所示，可以查看软件中相关版本等信息。

图 5-21　关于页面

5.8.4　返回

单击系统功能列表中运行时间旁边的"返回"按钮，弹出提示窗口，如图 5-22 所示，提示是否返回登录界面。单击"确定"按钮，回到登录界面，单击取消按钮，回到当前页面，如图 5-22 所示。

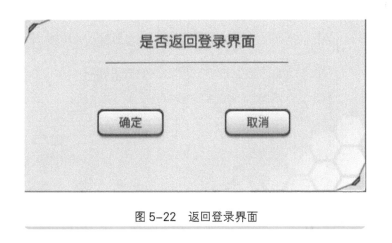

图 5-22　返回登录界面

5.8.5　资源库

单击系统功能列表中的"资源库"按钮，选择图集，展示出所有的图集下拉框，选择任意一个图集进入查看图集，如图 5-23 所示。

可以对打开的图集文档进行放大或缩小、翻页等操作，鼠标放在页数上并单击，输入页数，在旁边任意位置再单击，跳页成功，如图 5-24 所示。

单击资源库中的"装配式图纸库"按钮，展开装配式图纸库下拉框，选择任意的图纸名称，打开对应的图纸，如图 5-25 所示。

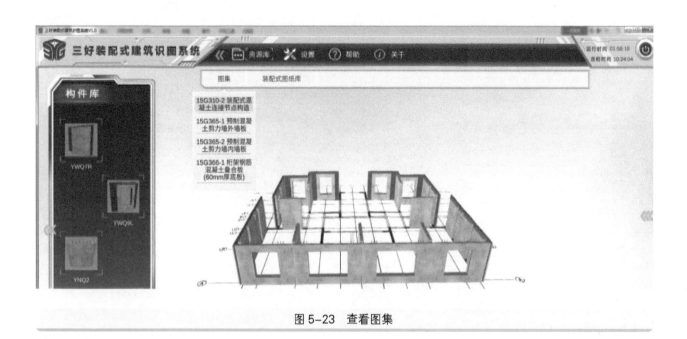

图 5-23　查看图集

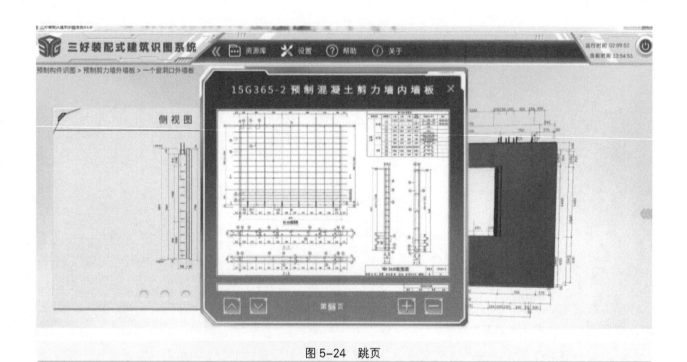

图 5-24　跳页

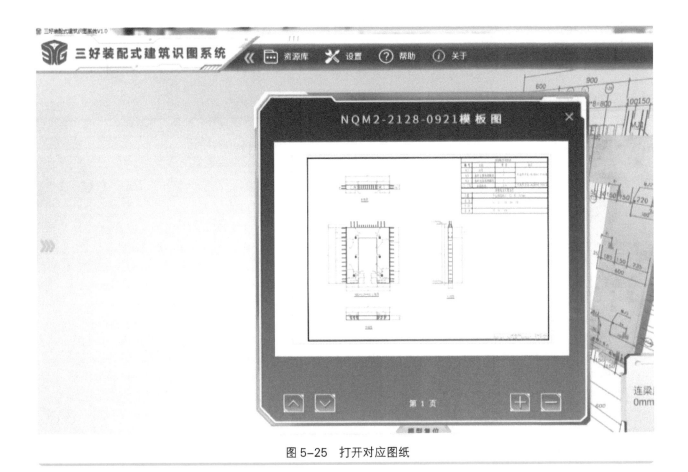

图 5-25　打开对应图纸

本章小结

　　本章以三好装配式建筑识图教学实训系统为例，讲解了该软件的具体操作过程和步骤，该软件融合了二维图纸和三维仿真模型，从简单构件入手到具体的典型建筑识图，为以后的学习打好基础。

参 考 文 献

[1] 王刚，司振民. 装配式混凝土结构识图 [M]. 北京：中国建筑工业出版社，2019.

[2] 上海市城市建设工程学校. 装配式混凝土建筑结构设计 [M]. 上海：同济大学出版社，2016.

[3] 郭学明. 装配式混凝土结构建筑的设计、制作与施工 [M]. 北京：机械工业出版社，2017.